（CIP）数据

农药的发展历程和环境健康影响 /徐怀洲, 石利利主编. -- 北京 : 中
018.5

11-3622-0

. ①徐… ②石… Ⅲ.①农药－历史－世界②农药施用－环境影响－
－影响－健康－研究 Ⅳ.①TQ45-091②S48③X820.3④R155.3

书馆CIP数据核字(2018)第076314号

人　武德凯

辑　丁莞歆

对　任　丽

制作　彭　杉

版发行　中国环境出版集团
　　　　（100062 北京市东城区广渠门内大街16号）
　　　　网　　址：http://www.cesp.com.cn
　　　　电子邮箱：bjgl@cesp.com.cn
　　　　联系电话：010-67112765（编辑管理部）
　　　　　　　　　010-67175507（环境科学分社）
　　　　发行热线：010-67125803 010-67113405（传真）
印　　刷　北京中科印刷有限公司
经　　销　各地新华书店
版　　次　2018年5月第1版
印　　次　2018年5月第1次印刷
开　　本　787×960 1/16
印　　张　14
字　　数　160千字
定　　价　49元

春 天

不再寂静 /

农药的发展历程和
环境健康影响

徐怀洲　石利利／主编

中国环境出版集团·北京

图书在版编目（

春天不再寂静：
国环境出版集团,

ISBN 978-7-51

Ⅰ.①春… Ⅱ
研究③农药残留

中国版本图

出　版
责任编
责任
设计

出版

序

　　说起来，"农药"这个词在当今社会已经广为人知，除了农业、林业等领域的相关从业者，城市里的普通公众对其也并不陌生。尤其是在现代社会中，农药对于粮食生产越来越重要，公众对于环境与健康的关注度越来越高，与农药相关的健康问题也日益凸显。但是，农药究竟是什么？如何发展到今天？存在什么样的威胁？又有怎样的未来？在目前市场上已经出版的相关著作中很难找到答案，且其中大部分是由农药专业的从业者编著，主要探讨农药的科学性、技术性问题，对于农药的发展历程和环境健康影响则关注不多或未涉及。

　　不得不承认，在环境保护方面，人类总是后知后觉。1962年，《寂静的春天》问世以来，环境保护的概念才逐渐建立并为人熟知，而其中提到的农药污染问题其实已经出现了几十年。农药曾经是我国的战略物资，对农业生产具有重要作用，但同时农药的另一面也不容忽视——它是人们主动投入环境的一类特殊的有毒有害物质，本身具有生物活性，这是其能够防治农作物病虫害的根本原因。然而也正因如此，农药会对其他生物产生潜在危害性。例如，农药进入自然环境中会造成环境中生态系统的破坏，再经由食物链的放大作用，其危害性会逐步扩大。另外，随着农药的生产量和使用量屡创新高，其生产和使用中造成的安全事故也是需要关注的方面。

目前，全球各主要国家均已建立了一整套农药管理制度，以保证将农药的危害控制在一定范围内。但令人担忧的是，人类对于农药危害性的认识其实是逐步加深的。随着有机氯农药、有机磷农药、氨基甲酸酯类农药、三嗪类农药、杂环类农药等陆续出现，在生存和利益的驱动下，人们对于农药研发的热情持续高涨，如果发现一类农药危害大，就会发明另一类新农药来替代它，循环至今。20 世纪 90 年代中期，《我们被偷走的未来》（*Our Stolen Future*）的出版让人们意识到，原来的安全剂量可能并不安全，对于具有内分泌干扰效应的农药而言，即使很小的剂量也可能会对人类造成长期且不可逆的危害。面对困扰和矛盾，农药开始朝着绿色农药的方向发展，而有机农业、转基因作物让我们看到了另外一场革命的可能性。

回首过往，我们应该庆幸，《寂静的春天》虚设的万籁俱寂的可怕场景并未出现，我想这也正是蕾切尔·卡逊当初写作该书的最终目的吧——唤醒人们对于环境的关注。不忘初心，向环保运动的先行者们致敬！此时此地的我们可以扪心感受：这个春天，是否听到了虫鸣鸟叫？

以史为鉴，可以知兴替。对农药发展历程及其环境与健康影响的梳理，对于人们进一步认识农药、利用农药以及保护人类自身都具有重要的意义。未来农药的发展方向和理念，涉及如何认识和看待人类与自然之间的关系，值得每一个人思考，因为每一个人都不是旁观者。

编 者

农药这个"潘多拉魔盒"被人开启，它一方面预防、控制着危害的发生，另一方面也反噬着环境与人类。

自然界本身就是一个大的生态系统，而无机化合物和植物都是其中的一员，相生相克是其中不变的法则。

第二篇　农业革命（有机氯类农药）/ 049

有机氯农药是工业革命后人类第一次大规模合成的化学农药，杀虫性能优异、见效很快，然而人们也渐渐发现了其背后的秘密……

第三篇　亡羊补牢（农药管理发展史）/ 071

自农药问世以来就存在着农药管理机构，为了更好地使用农药，预防与控制其环境影响，世界各国都对农药进行着严格的管理。

在农药的发展过程中，人们逐渐意识到传统化学农药的弊端，农药的研发方向也在逐步向着低毒、低残留转变。

农药发展至今已经有几千年的历史，从开始的奉若瑰宝到后来的担心忧虑，从最初的知之甚少到如今的拨开迷雾，我们该何去何从？

开 篇
魔盒开启
我们所知与所不知的农药

自人类诞生起就处在地球的生态系统之中，与其他动物、植物一起面对着风雨雷电，经历着沧海桑田。就生物自身的特性而言，其最大的特征就是努力维持本物种的繁衍生息。对人类来说，一切对生存繁衍有危害的生物都被称为有害生物，需要开动脑筋、启用智慧与之斗争。这种斗争中便蕴含着农药的起源。于是，农药这个"潘多拉魔盒"被人开启，它一方面预防、控制着危害的发生，另一方面也反噬着环境与人类。

第一章 农药的源起

▨ 农药如何定义？

想要了解农药，首先需要理解"农药"这两个字的内涵和边界。随着社会的不断发展，农药的定义是逐渐变化的，虽然"农药"二字未变，但其内涵却在不断扩充。根据 2017 年 2 月 8 日国务院第 164 次常务会议修订通过的《农药管理条例》（中华人民共和国国务院令 第 677 号）中的规定：农药，是指用于预防、控制危害农业、林业的病、虫、草、鼠和其他有害生物以及有目的地调节植物、昆虫生长的化学合成或者来源于生物、其他天然物质的一种物质或者几种物质的混合物及其制剂。

农药包括用于不同目的、场所的下列各类：① 预防、控制危害农业、林业的病、虫（包括昆虫、蜱、螨）、草、鼠、软体动物和其他有害生物；② 预防、控制仓储及加工场所的病、虫、鼠和其他有害生物；③ 调节植物、昆虫的生长；④ 农业、林业产品防腐或者保鲜；⑤ 预防、控制蚊、蝇、蜚蠊、鼠和其他有害生物；⑥ 预防、控制危害河流堤坝、铁路、码头、机场、建筑物和其他场所的有害生物。

其中的"一种物质或者几种物质"即农药原药。关于农药原药，联合国粮食及农业组织（FAO）农药标准中的定义为从制造它所用的原料、溶剂等分离提纯出来的一种活性成分；我国的行业标准将农药原药定义为在制造过程中经合成、提纯后得到的有效成分及杂质组成的最终产品，不能含有可见的外来物质和任何添加物。

农药如何分类?

　　按照制造农药的原料来源可以将其分为无机农药、植物性农药、微生物农药、有机合成农药等。无机农药主要是指以砒霜、砷酸铅、硫酸铜、磷化铝等无机物作为主要成分的农药;植物性农药,又称植物源农药,主要是指用植物加工而成的农药,利用植物体内含有的有效成分起到杀虫、杀菌或者杀鼠的作用,最典型的如除虫菊、鱼藤、烟草等;微生物农药是指通过发酵的方法制造出来的具有特定活性的孢子、病毒或抗生素,如苏云金杆菌、井冈霉素等;有机合成农药的结构特点是以含有碳、氢、氧、磷、硫或卤素,通过复杂工艺合成的有机物作为主要活性成分的农药,是目前使用得最多的一类农药。

　　按照农药的防治对象,可以分为杀虫剂、杀菌剂、杀螨剂、杀鼠剂、杀软体动物剂、杀线虫剂、除草剂、植物生长调节剂、脱叶剂等。有些农药兼具多种活性,具有多种用途,这样的农药以其主要防治对象命名。

按照农药的作用方式，还可以进行细分，如杀虫剂还可细分为胃毒剂（通过昆虫消化系统发挥作用）、触杀剂（通过昆虫虫体接触发挥作用）、熏蒸剂（气态农药通过昆虫气孔或啮齿动物呼吸系统进入体内发挥作用）、内吸剂（药剂进入植株体内，通过害虫取食含有农药的组织或汁液发挥作用）、拒食剂（使昆虫消除食欲不再取食直至最后饥饿致死）、忌避剂（在作物等表面使用后，通过某种气味或挥发性物质对害虫有忌避作用，从而保护人、畜、作物不受某种害虫侵扰）、诱致剂（利用害虫某种趋性，通过引诱害虫而将其歼灭，常见的有性诱和食诱两种）、干扰剂（属特异性农药，通过干扰昆虫正常的生理过程而使其不能完成正常的生活史从而导致死亡，如蜕皮激素、保幼激素等）；杀菌剂还可以细分为保护剂（预先喷洒在植株表面，形成均匀的保护层以防止病原菌的侵入）、铲除剂（可杀死黏附在植株表面的病原菌）、治疗剂（可杀死侵入植株体内的病原菌）、内吸剂（通过植物的根、茎、叶吸收进入植物体内，保护植物不受病原菌的侵入或杀死已经侵入的病原菌）、防腐剂（可抑制病原菌的孢子萌发但不能杀死）；除草剂可以细分为选择性（在作物和杂草之间、在一定剂量范围内可杀死或者抑制杂草生长而对作物安全，或者对某一种或某类杂草有效而对作物和其他杂草无害）和灭生性（非选择性，可将草苗一起杀死，多用于道路两旁或森林防火道）两大类。

农药如何发展而来?

最早的农药使用可追溯到公元前 1000 多年。在古希腊,已有用硫黄熏蒸害虫及防病的记录,中国也在公元前 7—前 5 世纪用莽草、蜃炭灰、牧鞠等灭杀害虫。而真正谈到农药的历史发展,可以以 20 世纪 40 年代作为一个转捩点,在此之前可作为农药的原始阶段,处于以天然药物及无机化合物农药为主的天然和无机农药时代;在此之后,有机合成农药进入人类的视野,从此"潘多拉魔盒"被打开。有机合成农药的发明,一方面让生产者获得了巨大的经济利益,另一方面让人们看到了与天斗、与地斗、与自然抗争的可能性。当然,随着社会的发展与科技的进步,人们对农药的认识不断加深,药力强、药效长的高毒、长残留农药的弊端也开始显现,逐渐被人们摒弃及限用、禁用,因而使低毒、低残留、环境友好型农药逐渐成为发展的方向。不可否认,农药为人类的农业生产、粮食安全、疾病预防等发挥了巨大的作用,但同时因其使用而带来的环境问题、引发的生态危害和健康危害,直到现在仍是重大的研究课题。

早期人类的生产力水平有限,对自然的认知有限,常常把包括农牧业病、虫、草害等在内的严重自然灾害视为天灾。但通过长期的生产实践活动,人类逐渐认识到一些天然植物具有防治病虫害的性能。到 17 世纪,人们陆续发现了一些真正具有实用价值的农用药物——烟草、松脂、除虫菊、鱼藤等杀虫植物被加工成制剂,作为农药使用。

1763 年,法国人使用烟草及石灰粉防治蚜虫,这是世界上首次报道的杀虫剂。1800 年,美国人 Jimtikoff 发现高加索部族用除虫菊粉灭杀虱、蚤,并于 1828 年将除虫菊加工成防治卫生害虫的杀虫粉出售。1848 年,T.Oxley 制造了鱼藤根粉。在此时期,除虫菊花的贸易维持了中亚一些地区的经济。

这类药剂的普遍使用是早期农药发展史的重大事件，而且这类药剂至今仍在使用。

古希腊诗人荷马曾提到燃烧的硫黄可作为熏蒸剂。古罗马学者 Pliny 曾提倡用砷作为杀虫剂，并言及用苏打和橄榄油处理豆科植物的种子。公元 900 年，中国开始使用雄黄（三硫化二砷）防治园艺害虫。但直到 19 世纪 60 年代—20 世纪 40 年代中期，随着工业革命的到来，才陆续发展了一批人工制造的无机农药。而工业化开发最早的无机农药当数 1851 年法国 M. Grison 用等量的石灰与硫黄加水共煮制取的石硫合剂雏形——Grison 水。1867 年，巴黎绿（一种不纯的亚砷酸铜）开始应用。在美国，亚砷酸铜被用于控制科罗拉多甲虫的蔓延，并于 1900 年成为世界上第一个被注册的农药。1882 年，法国的 P.M.A. Millardet 在波尔多地区发现硫酸铜与石灰水混合也有防治葡萄霜霉病的效果，由此发明了波尔多液，并从 1885 年起将其作为保护性杀菌剂而广泛应用；直到现在，波尔多液和石硫合剂仍在应用。1896 年，法国葡萄种植主将波尔多液用于葡萄藤时，黄色野芥的叶子变黑了。这一偶然发现，促使了除草剂的应用与研究。不久硫酸铁就被用于谷类作物防治双子叶杂草，而作物却并未受到伤害。

一战前的 1913 年，德国首次应用有机汞化合物作为种子处理剂。两次世界大战之间化学药剂迅速增长。例如，焦油被用于防治休眠树木上的蚜虫卵；二硝基邻甲酚于 1932 年在法国获得专利，用于谷类作物的杂草防除；1934 年第一个二硫代氨基甲酸酯杀菌剂——福美双在美国获得专利。第二次世界大战期间，强力杀虫剂滴滴涕诞生于瑞士；有机磷杀虫剂在德国被研发；同时，苯氧羧酸类除草剂在英国进入商品化；1945 年第一个通过土壤作用的氨基甲酸酯类除草剂被英国人研发；有机氯杀虫剂氯丹在美国、德国首先应用；不久，氨基甲酸酯类杀虫剂在瑞士研发成功。"二战"

末期，具有选择性的苯氧乙酸除草剂、有机氯和有机磷杀虫剂等进入商品应用阶段。1955—1960 年，在瑞士研发了三氮苯类除草剂，在英国研发了季铵盐类除草剂。继敌草腈、氟乐灵和溴苯腈于 1960—1965 年投入使用后，1968 年又研发了内吸杀菌剂苯菌灵与除草剂草甘膦。20 世纪 70 年代英国和日本的研究人员在拟除虫菊酯杀虫剂方面开展了大量的研发工作。

有机合成杀虫剂的发展首先从有机氯开始，在 20 世纪 40 年代初出现了滴滴涕、六六六。二战后，出现了有机磷类杀虫剂。50 年代又研发出了氨基甲酸酯类杀虫剂。上述三大类农药是当时杀虫剂的三大支柱。但农药长残留带来的环境污染与食品安全问题，引起了世界各国的极大关注和高度重视。从 70 年代开始，许多国家陆续禁用滴滴涕、六六六等长残留的有机氯农药和有机汞农药，并开始建立农药环境管理制度，以进一步加强对农药的管理。如当时世界上农药用量和产量最大的美国，于 1970 年颁布了《环境保护法》，将农药登记审批由农业部划归为环保局管理，并把慢性毒性与环境影响列于考察的首位。鉴于此，不少农药公司将农药研发的方向转向高效、低毒以及环境安全性。通过努力，研发了一系列高效、低毒、选择性强的农药新品种。在杀虫剂方面，仿生农药如拟除虫菊酯类、沙蚕毒素类农药被开发和应用，尤其是拟除虫菊酯类的开发，成为杀虫剂的一个重大突破。此外，还研发了不少包括几丁质合成抑制剂的昆虫生长调节剂，即"第三代杀虫剂"，包括噻嗪酮、灭幻脲、杀虫隆、伏虫隆、抑食肼、定虫隆、烯虫酯等产品。最近，又出现了"第四代杀虫剂"，即昆虫行为调节剂，如信息素、拒食剂等。

在杀菌剂方面，抑制麦角甾醇生物合成药剂的研发在 20 世纪 80 年代发展迅速。目前，杀菌剂产品主要有吗啉类、哌嗪类、咪唑类、三唑类、吡唑类和嘧啶类等，均为含氯杂环化合物，主要品种有十三吗啉、嗪胺灵、丁塞特、甲嘧醇、抑霉唑、咪鲜安及三唑酮等，它们能被植物吸收并在植物体内传导，兼具保护和治疗的作用，用于防治由子囊菌纲、担子菌纲、半知菌纲引起的作物病害。此外，农用抗生素的研发十分引人注目，如多氧霉素、多效霉素等品种，具有高效、高选择性、易降解等特点。

在除草剂方面，因农业机械化和农业现代化发展的需要，一批活性高、选择性强、持效适中及易降解的除草剂被成功研发并得到应用，有效地解决了农业生产中长期存在的草害问题。尤其是磺酰脲类和咪唑啉酮类除草剂，它们通过阻碍支链氨基酸的合成而发挥作用，对多种一年或多年生杂草有效，芽前、芽后处理均可。主要品种有氯磺隆、甲磺隆、阔叶净、禾草灵、吡氟乙草灵、丁硫咪唑酮、灭草喹、草甘膦等。同时，也出现了除草抗生素——双丙氨膦。令人遗憾的是，虽然磺酰脲类除草剂甲磺隆、氯磺隆等超高效药剂的使用给农业生产者带来了便利，但其缺点也是引人关注的。一方面，由于磺酰脲类除草剂的活性较高，长期使用后其残留对后茬敏感作物（如玉米、油菜、棉花以及某些豆类作物）会造成一定的药害，甚至死亡；另一方面，磺酰脲除草剂的长期使用所造成的选择压力，特别是作用靶标单一，造成了杂草耐药性、抗药性的出现，从而使磺酰脲类除草剂在农田土壤中的残留降解及影响因素等问题受到普遍关注。

我国农药发展的历史有其自身特点。1930年，浙江省植物病防治所建立了药剂研究室，这是我国最早的农药研究机构。1935年开始使用农药防治棉花、蔬菜上的蚜虫和红蜘蛛。1943年在重庆市江北建立了首家农药厂，主要生产含砷制剂及植物性农药。1946年开始小规模生产有机氯农药滴滴涕，1950年我国开始生产六六六。1951年，中国首次使用飞机喷洒滴滴涕、六六六进行灭蚊治蝗。1957年建成第一家生产有机磷杀虫剂的农药厂——天津农药厂，开始了有机磷农药对硫磷（1605）、内吸磷（1059）、甲拌磷（3911）、敌百虫等品种的生产。在 20 世纪 60 年代和 70 年代，天津农药厂是我国生产有机氯、有机磷、氨基甲酸酯类等杀虫剂的主要基地。70 年代杀菌剂和除草剂得到了一定的发展，生产了几十个品种；此外，杀鼠剂和植物生长调节剂也有所发展。1973 年，中国停止使用汞制剂，并研发了稻瘟净、多菌灵等杀菌剂以代替汞制剂。

20 世纪 50 年代初，有机氯农药的相继投产标志着我国农药工业发展的开始。由于当时我国农药工业处于发展的初级阶段，生产能力低下、品种单一，而且在计划经济体制下，农药作为战略物资实行按计划供应，因而当时的农药主要依靠大量进口，以满足国内农业生产防治病、虫、草害的需求。1983 年因长残留问题我国全面停止六六六和滴滴涕在农业上的使用后，有机磷和氨基甲酸酯类农药发展迅速，并开发了拟除虫菊酯类及其他杀虫剂。同时，甲霜灵、三唑酮、三环唑、代森锰锌、百菌清等高效杀菌剂也相继投产。植物生长调节剂的用量迅速增加，丁草胺、灭草丹、绿麦隆、草甘膦、灭草松、磺酰脲类除草剂及矮壮素、乙烯利也投入了市场。2008 年，考虑到农药使用的安全性与农产品安全性的问题，我国全面禁止五种高毒有机磷农药（甲胺磷、对硫磷、甲基对硫磷、久效磷及磷胺）的使用。总体上看，农药品种的发展除科研创新、工艺创新外，伴随着环境安全与食品安全问题的发现及解决不断向前。

我国农药行业经过多年持续稳定的发展，形成了包括原药生产、制剂加工、科研开发和原料中间体配套在内的农药工业体系，农药品种日趋多样化。目前我国已经成为全球农药生产和出口大国之一。中国产业信息网发布的《2015—2022 年中国农药市场全景调研及投资战略咨询报告》显示：我国农药行业发展迅猛，2001 年到 2013 年我国农药产量由 69.6 万吨增长至 319.0 万吨，增长了 4.58 倍。以原药产量计，我国从 2006 年起已超过美国成为世界上第一大农药生产国。随着全球以及我国农业耕种方式与作物结构的变化，2009 年后除草剂逐步超越杀虫剂成为我国化学农药市场上产量最大的农药种类，杀虫剂所占比重逐年下降，而杀菌剂市场份额较为稳定。2014 年我国化学农药原药产量为 374.4 万吨，出口量为 112 万吨，其中，除草剂、杀虫剂和杀菌剂的出口量分别为 80.6 万吨、23.9 万吨和 7.5 万吨。

但是我国大部分农药企业的技术研发能力较差，产品结构以非专利农药产品为主，仅有 30 余个自主创新的专利农药产品在农业部登记，在国际农药市场中处于较低端的位置。国内农药行业共有企业 2400 余家，其中年销售量在 2000 吨以下的企业占 85%，整体呈现"大行业、小企业"的格局；同时，我国农药生产具有明显的区域性，主要集中在东部沿海的江苏、浙江、山东三省，2013 年该三省共生产化学农药原药 195.48 万吨，占全国总产量的 61.27%。

第二章　农药的"威力"

我们为什么关注农药?

　　首先,农药是重要的生产资料。农药在过去能成为我国的战略物资,主要是因为农药对于农业生产具有重要作用。世界农业在 20 世纪下半叶有长足进步。1949 年至 1988 年世界粮食单产从每公顷 1000 千克提高到 2499 千克,平均年增长 39 千克,这是人类历史上空前的。当然,这主要是由于科技发展带来的,其中育种、水利、灌溉技术的提高占一半,化肥、农药的作用占一半。化学农药在控制农业有害生物方面功不可没。此外,农药还发挥着调节农作物生长发育的重要作用,如果使用得当,可大幅提高农作物的产量和质量。

但同时我们也应该看到农药的另一面。农药是人们主动投入环境的一类特殊的有毒有害物质，它本身具有生物活性，这是其能够防治农作物病虫害的根本原因。然而，也正因如此，农药对其他生物具有潜在危害性。例如，农药进入自然环境中，会造成环境中生态系统的破坏；经由食物链的放大作用，其危害性会逐步扩大。农药带来的环境危害，也是环保事业的发端。

截至目前，农药对环境与健康的潜在危害仍是重大的研究课题。很多农药设计之初，仅考虑对农作物病虫害的防治，而对可能带来的环境危害考虑不多。另外，也由于人类认知水平有限，数以千计的农药危害问题随着科技水平的提高而逐渐被熟识。"舌尖"上的安全，成为人们关注的焦点。然而令人担忧的是，《寂静的春天》和《被偷走的未来》问世多年以后，其中提到的农药污染和环境激素的问题并未彻底解决。

多年来，因农作物播种面积逐年扩大、病虫害防治难度不断加大，我国农药使用量总体呈上升趋势。据统计，2012—2014 年农作物病虫害防治中农药的年均使用量为 31.1 万吨（折纯），比 2009—2011 年增长了 9.2%。但目前我国农药的平均利用率仅为 35%，大部分农药通过飘移、径流、渗漏等途径流失，污染大气、土壤与水环境，威胁生态环境安全。此外，我国农药产品结构中高毒、长残留品种仍然较多，尽管国家逐步禁止了部分高毒农药的使用，但仍有部分中小厂商违法违规生产相关产品，导致作物药害和农药中毒事件时有发生。

令人欣喜的是，2015 年农业部发布了《到 2020 年农药使用零增长行动方案》，提出了"控"、"替"、"精准科学用药"及"统防统治"，有效控制了农药使用量，保障了农产品的质量安全与生态环境安全。

▼ 农药会带来怎样的威胁？

一、农药对人体健康的影响

农药可以通过呼吸、消化以及直接接触皮肤三种途径进入人体并产生危害影响，包括急性中毒和慢性中毒。其中，急性中毒症状如高毒有机磷农药和氨基甲酸酯农药引起的头晕、呕吐、乏力等，严重时还会昏迷、呼吸困难，甚至死亡。例如，2010 年年初海南省被查出含有国家禁用剧毒农药（水胺硫磷、甲胺磷等高毒农药）残留的豇豆，即轰动全国的"毒豇豆"事件，使全国人民对于农药危害的关注达到了近年来的顶峰；后续发生的多起农药中毒事件，如青岛韭菜中毒事件（2011 年）、重庆忠县有机磷农药中毒事件（2011 年）等都说明农药的不当使用可能会严重危害人体健康，甚至生命。慢性中毒是指农药进入人体的量比较小，其毒性作用在人体内慢慢发作而显现出中毒症状，由于中毒情况不便于人们察觉，往往不会引起人们的重视，常见的中毒症状包括头晕、头痛、乏力、失眠、畏食、震颤、多发性神经炎和心、肝、肾等器官损害等。

二、农药使用对生态环境的影响

（1）农药对水环境的污染。水体中的农药主要来自直接向水体中施用的农药、雨水中包含的农药降落到水体、农作物或土壤中的农药随径流进入水体、农药厂的废水排放进入地表水与地下水等，这些都会使水环境遭到严重破坏。世界上很多著名的河流都曾受到不同程度的污染：为保证水体干净透澈而直接将农药喷洒在水中，如密西西比河、莱茵河等的河水中均检测到严重超标的六六六；为解决水中杂草乱生的问题，所使用的除草剂在水中浓度过高，致使大量的水生动物死亡；施药器械和工具的随意放置，以及废弃的农药包装物均会导致残留药品随雨水冲刷进入水环境而导致水体污染。

（2）农药对土壤的污染。农药进入土壤大体分为三种情况：①直接施入土壤，防止土传病虫害；②在农作物上喷洒而溅落至土壤；③通过大气的干湿沉降作用进入土壤。

（3）农药对大气的污染。农药对大气的污染可分为三个带：①药源带，这一带空气中农药的浓度最高，往往是在生产企业周围或农药使用区域；②第二污染带，农药随着气流运动从第一带中扩散过来，在与农药施用区相邻的地区形成了第二个空气污染带，这一带的农药浓度一般比第一带低，但在一定的气象条件下，气团不能完全混合时，局部地区空气中农药的浓度也可能偏高；③第三污染带，大气中农药浓度最低的一带，但这一带的农药分布也是最广的，因气象条件和施药方式的不同，此带距离可扩散到离药源带数百公里，甚至上千公里远。

三、目前农药仍存在诸多问题

一是长期使用农药使害虫产生耐药性，不得不通过加大农药的使用剂量和频率达到防治目的，从而加剧了农业生态环境的恶化；二是目前所生产的杀虫剂靶标单一，会对所有生物造成毁灭性的打击，不仅消灭了害虫，也消灭了有益于生态系统稳定的生物；三是农作物中的农药残留影响农产品安全，可对人体健康产生严重威胁。

第三章　农药的使用与影响

全球农药的使用情况是怎样的？

一、美洲

美洲是世界上最主要的农业生产、农产品出口地区。美洲各国也是世界上农药使用大国，且多数国家每年农药使用量仍处于增长状态。

1. 美国

美国是世界上农药使用量最大的国家之一。1990 年至 2007 年，农药的年使用量在 30 万吨左右，其中农业用途约占 80%。除草剂用量最大，每年使用量在 20 万吨左右；杀虫剂用量近年略有下降，2000 年以前每年使用量在 10 万吨左右，近几年每年使用量约为 7.5 万吨；杀菌剂用量相对较少，每年使用量约 2 万吨。美国主要通过降低农产品中农药残留限量标准、农药再评价等手段来减少或限制农药使用带来的风险。1996—2006 年，美国国家环境保护局（EPA）通过提高安全标准，取消或限制了 270 种农药的使用。

2. 巴西

巴西的农业资源丰富，近年来仍处在拓展农业耕地面积阶段，耕地面积每年持续增加。农牧业是巴西重要的支柱产业。从农药使用量来看，自 20 世纪 90 年代开始，巴西每年农药使用总量快速增长，1990 年使用量约为 5 万吨，2013 年达到 35 万吨，相比 1990 年增长了 600%。这主要归因于除草剂用量的快速增长，1990 年除草剂用量仅有 2.2 万吨，2013 年除草剂用量达 24 万吨，大约增长了 11 倍；杀虫剂和杀菌剂用量也有较大增长，2013 年杀虫剂用量约为 7 万吨，相比 1990 年的 1.8 万吨增长了 4 倍多，杀菌剂用量约 4.4 万吨，相比 1990 年的 0.8 万吨增长了 5.5 倍。

3. 墨西哥

墨西哥是世界主要农产品出口国之一，是番茄和鳄梨的主产国，番茄产量的 90% 和鳄梨产量的 1/3 用于出口国际市场，是全球第二大青辣椒生产国，第三大草莓生产国。自 2007 年以来，墨西哥的农药使用量每年稳定在 11 万吨左右，其中杀菌剂用量最大，且每年使用量均有明显递增。2006 年以前杀菌剂的年使用量为 2 万 ~ 3 万吨，2007—2011 年增长到 5 万 ~ 5.5 万吨／年，近年略有下降，年使用量稳定在 4 万吨左右；除草剂用量自 2005 年以来一直稳定在每年 3 万 ~ 3.5 万吨；杀虫剂用量呈现持续增长态势，2005 年以前每年使用量在 1.5 万吨左右，2005—2010 年增长到 2 万 ~ 2.5 万吨／年，近年持续增加到 3 万 ~ 4 万吨／年。

4. 加拿大

加拿大是世界上农业最发达、竞争力最强的国家之一。农产品大部分出口国外，而且以精良的谷类、油籽、蔬菜、精肉和乳制品等著称世界。加拿大农药使用量自 2006 年以来持续增长，2012 年约为 7 万吨，除草剂用量占 80% 以上；杀菌剂和杀虫剂的用量相对较少，2006 年以前杀菌剂每年用量在 3500 吨左右，2012 年增长到 7546 吨，杀虫剂用量年度间无显著变化，每年约为 3000 吨。

二、欧洲

根据欧盟统计局的统计结果，按照 2015 年欧洲各国可利用农业面积由高到低排序，法国、西班牙、英国、德国、波兰、罗马尼亚、意大利、匈牙利、保加利亚和希腊居前 10 位。其中，法国约有可利用农业面积 2900 万公顷，占欧盟的 16.3%，是欧盟第一农业大国。欧盟部分成员国最早提出了减少农药使用量以降低对农业生态环境影响的理念。

1. 法国

法国是欧盟中最主要的农业大国，农药使用中杀菌剂（含杀细菌剂）用量最大，2002 年以前，常年杀菌剂用量折合有效成分（下同）为 4 万～6 万吨；2002 年之后，杀菌剂年使用量约下降为 3.5 万吨，2011 年用量仅为 2.5 万吨，2013 年为 3.0 万吨。除草剂用量在 2000 年之前为 3 万～4 万吨 / 年，2010 年降到最低，年用量仅为 2.2 万吨，近年除草剂年使用量接近 3 万吨。杀虫剂用量很少，20 世纪 90 年代年用量约 1 万吨，随后用量大幅下降，2000 年之后每年杀虫剂用量仅在 2000～3000 吨，但自 2011 年之后，受当地气候条件的影响，近几年杀虫剂用量又有小幅上升，2013 年杀虫剂使用量为 3318 吨。

为减少农药使用对生态环境的影响，法国在 2008 年提出农药减量计划，目标为 10 年内农药使用量减少 50%。但据路透社报道，由于近年不利天气条件的影响，法国农药的使用量相比 2008 年实际是增加了。因此，法国已经将农药减量目标完成的时限推迟了 7 年，即到 2025 年实现减少 50%，且设定了一个中间目标，在 2020 年农药使用量减少 25%。

2. 西班牙

农业和农产品加工业是西班牙重要的国民经济部门，其主要种植的农产品是水果和蔬菜，其次是粮食、橄榄油和葡萄。西班牙橄榄种植面积在 250 万公顷左右，是欧盟和世界主要的橄榄油生产国。西班牙也是世界主要的葡萄种植国、第三大葡萄酒生产国。2010 年以前，杀菌剂、杀虫剂和除草剂年平均使用量均在 1.0 万～1.5 万吨。近年来杀菌剂用量大幅上升，

2013 年达 3.2 万吨，相比 2010 年增长了 167%；除草剂用量也有一定幅度的增加，2013 年约为 1.5 万吨，相比 2010 年增长了 50%；杀虫剂用量有所下降，2013 年约为 0.7 万吨，相比 2010 年（1.4 万吨）下降了 50%。

3. 英国

1990 年，英国政府发布了关于农药使用政策的白皮书，追求用量最小化并有效防控农业有害生物，实现长期可持续的农药减量使用。英国使用的农药种类以除草剂为主，2005 年以前，除草剂每年的使用量在 2.0 万～2.5 万吨，近年来由于使用更高活性的除草剂替代产品，除草剂用量大幅下降。2011—2013 年，每年除草剂用量仅为 7500 吨左右。杀菌剂用量每年在 5000～6000 吨；杀虫剂用量很少，2000 年前后每年用量在 1500 吨左右，2011 年之后每年用量仅有 600～700 吨。

4. 德国

德国是一个高度发达的工业化国家，尽管农业总产值占国内生产总值的比例仅为 1% 左右，但农业现代化程度非常高，80% 以上的农产品都能自给，粮食产量位居欧盟国家前列。以产值论，种植业中最大的品种是谷物，其次是水果、甜菜、鲜花和蔬菜等。农药使用以除草剂为主，每年用量为 1.5 万～2.0 万吨；其次是杀菌剂，年使用量在 1 万吨左右；杀虫剂用量每年仅为 1000 吨左右。近年来除草剂用量有所增加。

5. 意大利

意大利是欧盟的农业大国，农业总产值仅次于法国和德国。意大利也是欧洲的农药使用大国，农药使用量仅次于法国，以杀菌剂为主，年使用量在 5 万～6.5 万吨。1986 年，意大利农业部出台了以有害生物综合治理（IPM）为主的国家行动计划，旨在减少农药使用对农业生态环境的影响。近年来杀菌剂年使用量下降明显，2013 年仅有 3.2 万吨，相比 2008 年下降了 36%；杀虫剂使用量在 1 万～1.2 万吨；除草剂年使用量在 0.7 万～1 万吨。

6. 荷兰

荷兰虽然国土面积小，耕地面积只有 184.575 万公顷，但却是一个农业大国，花卉出口世界第一，农业出口额仅次于美国，居世界第二位。荷兰农业的特点是典型的高投入、高产出。单位面积农药使用量也位居欧洲国家前列，远高于法国和德国。自 20 世纪 90 年代初开始实施农药减量政策，相比 80 年代中期，90 年代中期单位面积农药使用量减少了 50%。近年来每年使用的杀菌剂约 4000 吨；除草剂的使用量在 3000 吨左右；2013 年杀虫剂使用量只有 266.89 吨。单位面积农药使用量由 5 千克（有效成分）/公顷（2008 年以前）下降到约 4 千克（有效成分）/公顷（2013 年）。

三、亚洲

韩国和日本是亚洲较早提出减少农药使用、控制农药对本国农业生态环境影响的国家，相继出台了一系列加强农药登记和使用管理的法规。自 2000 年之后，两国的农药使用量呈现逐年下降的趋势。目前，我国的单位面积农药用量处于全球较高水平。

1. 韩国

尽管韩国耕地面积小，但单位面积农药使用量一直居于世界前列。20 世纪 70—90 年代，农药年使用量快速增长，单位面积使用量达 13 千克有效成分/公顷。自 1996 年开始，韩国的农药管理政策发生了重要转变，农药登记转由农村发展部（Rural Development Administration, RDA）负责，严格控制农药使用对农业环境的不利影响。自 2001 年开始，韩国的农药使用量开始下降。杀虫剂年使用量由 9880 吨（2001 年）降到 6403 吨（2013

年）；杀菌剂年使用量由9332吨（2001年）下降到6324吨（2013年）；除草剂使用量由6380吨（2001年）下降到4479吨（2013年）。目前单位面积农药使用量约为9.6千克（有效成分）/公顷（2013年）。

2. 日本

日本是化学工业大国，对农药的管理起步也比较早，自20世纪90年代开始农药使用量逐年下降。1999年建立了污染物排放与转移登记（PRTR）制度，对于控制农药对农业生态环境的影响也起到了积极的推动作用。近年来，日本农药使用总量持续下降。2000年农药使用量约为8万吨，2013年下降到5.2万吨。从农药种类来看，主要是杀菌剂用量大幅下降，年使用量由4万吨（2000年）下降到2.3万吨（2013年）；杀虫剂用量也持续下降，年使用量由2.7万吨（2000年）下降到1.7万吨（2013年）；除草剂年使用量约为1.1万吨。

3. 中国

从20世纪90年代至今，中国农药使用量总体呈上升趋势。1991年，中国农药使用总量为76.53万吨，2013年迅速增长为180.19万吨，增长了135.5%。农药使用量快速增长的同时，中国的农药施用强度也在不断增加。按照农作物播种面积计算，农药使用量的增长速度远远高于农作物播种面积的增长速度，是同期农作物播种面积增长的9倍。1991—2013年，农作物播种面积由14960万公顷增长到16470万公顷，农药施用强度由5.12千克（有效成分）/公顷增长到10.95千克（有效成分）/公顷，单位面积农药使用量是世界平均水平的2.5倍。

▶ 我们应该如何看待农药？

一、农药曾经为解决粮食问题发挥了巨大作用，未来仍将发挥重要作用

农药在控制有害生物、保护农作物安全及增产肥效方面发挥了重要作用。当今世界面临四大难题，即人口问题、粮食问题、能源问题和环境问题。人口的增长需要更多的粮食，需要大量增加粮食产量，需要有许多农业措施的配合，其中比较现实的措施之一就是尽可能地减少由于病、虫、草、鼠等有害生物造成的占生产量 30% 以上的损失。据 FAO 统计，全世界主要五种农作物（稻、麦、棉、玉米、甘蔗）每年因虫害的损失高达 2000 亿美元。世界粮食生产每年因虫害损失 14%、鼠害损失 20%，而化学农药防治可挽回 15% ~ 30% 的产量损失。有专家估计，如果停止使用化学农药，世界农产品产量将大幅度下降，其中粮食产量将下降 25% ~ 30%，蔬菜将下降 40% ~ 50%，果品将下降 35% 以上，糖料下降 35% ~ 40%，棉花将下降 40%。化学防治具有对有害生物高效、速效、操作方便、适应性广和经济效益显著的特点，在综合防治体系中占有重要地位。国内外几十年的经验证明，农药的使用对解决世界粮食问题起到重要的积极作用。当然，看待事物需要是一分为二的。农药同样也是一把"双刃剑"。如果不合理使用农药，也会造成人畜中毒、有害生物产生抗药性、污染环境、破坏生态平衡等不良后果。但我们不能因此过分地排斥化学农药，就此认为 21 世纪是化学农药结束的世纪。在农药科技进步的今天，应加强农药的监督管理，淘汰高毒、长残留农药，使农药朝着"安全、高效、经济"的方向发展。化学农药在 21 世纪仍然是控制有害生物的重要手段。在目前以及今后可以预见的一个很长的历史时期，化学防治仍然是综合防治中的重要措施，是不可能被其他防治措施完全替代的。

二、农药污染问题不容忽视

1. 农药的残留问题

所谓农药残留，是指施用农药以后在农产品内部或表面残存的农药，包括农药本身、农药的代谢物和降解物以及有毒杂质等。人吃了有残留农药的农产品后引起的毒性作用，称作农药残留毒性。在我国发生较多的引起农药残留中毒的农药品种主要是高毒有机磷农药和氨基甲酸酯农药，如马拉硫磷、甲胺磷、久效磷、倍硫磷、克百威、涕灭威等。这些农药是通过抑制昆虫中枢神经中的胆碱酯酶使之死亡而发挥杀虫作用的，但这些农药对人体胆碱酯酶也有抑制作用，它能阻断神经递质的传递，引起肌肉麻痹进而造成中毒，甚至死亡。

20世纪90年代初期，我国内地输出香港的蔬菜就因为剧毒农药甲胺磷的严重超标造成了中毒事件的发生。1990年和1992年，卫生部及有关部门进行了中国总膳食研究，对全国12个省的36个市、县进行了采样，并按当地菜谱加工烹调后，发现在烧熟的蔬菜中仍然能够检出甲胺磷。当时的农药滥用情况十分严重。据农业植保部门抽样调查，在叶菜、水果、中草药等禁止使用高毒农药的农作物上使用高毒农药的种植户占到34.7%，是造成农产品污染的元凶之一。2005年前，我国的农药产品结构也不合理，如杀虫剂中有机磷农药占70%，而有机磷农药中高毒品种又占70%。新华社曾报道，农药的滥用使其在环境及农副产品（含加工品）中的残留现象日益严重，每年我国消费者因食物残留农药和化学添加剂中毒的人数超过20万人，从"瘦肉精"到"有毒菜"，近年来一篇篇有关食品安全的报道不绝于耳，这些触目惊心的事件是公众关注的焦点。据世界卫生组织统计，全世界每年至少发生50万例农药中毒事件，死亡11.5万人，

85% 以上的癌症、80 余种疾病与农药残留有关。2001 年国家质量监督检验检疫总局组织抽查的 10 类 181 种蔬菜中，有 86 种农药残留超过国家标准限量值，超标率达 47.5%。我国政府对此高度重视，有关部门采取了一系列有效的控制和管理措施。2010 年后，我国农产品的农药残留合格率已达 95% 以上，但因不合理用药产生的农药残留问题仍旧存在，如 2018 年 1 月广西食品药品监督管理局通报"豆角"样品检出甲基异柳磷 0.15 mg/ kg，超标 15 倍；"青豆角"样品检出克百威 0.24 mg/ kg，超标 12 倍，严重威胁人体健康。

2. 农药对环境的危害

农药是一类生物活性物质，可能会对特定环境中生物群落的组成和变化引起某种冲击；同时，农药又是一类化学活性物质，能够同环境中的某些其他物质或物体发生相互作用，或在特定的环境中扩散分布，最后表现为对生物的影响，从而危及人类的生存环境和人体健康以及影响其他生物的正常发育。

另一个问题是农药在环境中的迁移转化会使环境受到污染，包括土壤、大气和水环境，特别是作为饮用水水源的地下水中的农药污染问题已引起各界的高度重视。我国是一个农业大国，农药使用量居世界第一，其中 20% ～ 30% 进入土壤环境，造成约 20 万～ 35 万公顷的农田土壤受到农药污染。化学农药使用对土壤的污染来源和途径有三个方面：①以防治地下病害为目的直接在土壤中施用的农药；②喷雾施用时滴落到土壤中的农药；③随大气沉降、灌溉或施肥等方式进入土壤中的农药。进入土壤的农药助剂被黏土矿物或有机质吸附，成为导致土壤酸化、有机质含量下降等土壤质量恶化的重要因素。农药的超细微粒在大气中能飘浮很长时间而难以降落；蒸汽压较高的农药蒸汽可以混存于大气中，从而污染大气环境。化学农药使用对大气的污染来源和途径有四个方面：①地面或飞机喷洒农药时飘浮于空中的药剂微粒；②水体、土壤表面残留农药的挥发等；③农药生产、加工企业排放废气中的农药飘浮物；④卫生用药的喷雾或农产品防蛀时等进行的熏蒸处理。种植业使用的农药面积最广、数量最多，因此成为大气中农药污染的主要来源。进入大气的农药或被大气飘尘吸附，或以气体、气溶胶的形式悬浮在空气中，随着气流的运动使大气污染的范围不断扩大，有的甚至可以飘到很远的地方。研究显示，即使在从未使用过化学农药的珠穆朗玛峰，其积雪中也有持久性农药"六六六"被检出。水体被农药污染后，对水体中的生态系统乃至下游环境均会造成严重影响。化学农药使用对地表水和地下水的污染来源和途径有四个方面：①大气中随降水进入水体的农药；②土壤残留农药随地表径流或农田排水进入地表水体，或向下淋溶进入地下水；③直接用于水体的农药，或在水体中清洗施药器械；④农药厂向水体中排放的废水。农药在水中的降解受到环境因子（水质、水温、pH、光照和微生物等）和农药行为特性（水溶性、吸附性、水解和光解等）的综合影响。

三、未来农药的发展方向一定是更加环保的

如果化学农药能沉着应对环境的挑战，朝着健康、正确的方向发展，那么就会立于不败之地，将在更长时期占据农药市场。可以预见，今后化学农药的发展方向是化学合成类绿色农药，即绿色化学农药。其特点：①超高效，药量少而见效快；②高选择性，仅对特定有害生物起作用；③无公害、无毒或低毒且能快速降解。通过强化绿色化学意识、合理设计目标分子、快速有效地筛选及应用绿色有机合成技术等创新手段，可以实现绿色化学农药的发展。

第一篇
初露峥嵘
无机化合物及天然植物源农药

　　无机农药和植物源农药是早期人类最可能得到的资源。对于恼人的细菌、杂草和害虫，早期人类在实践中得出真知，发现了这些可以抵御害虫侵扰、预防农作物疾病的方法。自然界本身就是一个大的生态系统，而无机化合物和植物都是其中的一员，相生相克是其中不变的法则。例如，除虫菊和鱼藤就被发现可以抵御害虫，砒霜可以杀鼠。

第四章　天然植物源农药

在自然界，丰富多彩的植物和种类繁多的有害生物之间无休止地相互斗争、并列进化，演绎、展现着生物界的复杂性和人们对他们的有限可知性。但是毫无疑问，在这一对矛盾的对立统一体中，多少亿年来，植物的发展和演化及其对地球生物、生态的功能反应，决定了在这场残酷的生存竞争中，植物永远是第一性的——只能是绝对的胜利者。理论上，按照害虫发生发展规律的生物学指数来计算，世界上的食叶害虫一年中至少可以把全世界所有绿色植物吃光 11 次！而实际上呢，别说是 11 次、0.1 次，甚至 0.01 次，都可能引发地球环境的大改变。植物这一貌似最软弱的群体，以其特有的"武器"——主动防御，来抵御各种灾难。

据报道，全球有 6300 多种具有控制有害生物功能的高等植物，其中杀菌植物 2000 多种、除草植物 1000 多种，具有杀虫活性的 2400 种（杀螨活性的 39 种，杀线虫活性的 108 种，引起昆虫不育的 4 种，调节昆虫生长发育的 31 种）。目前，我国多位学者对陕西、甘肃、青海、新疆、宁夏、江苏、广东、广西、湖北、福建、四川、贵州等地区

除虫菊

的 2000 多种野生植物或中草药进行了农药活性筛选，发现了砂地柏、牛心朴子、掌叶千里光、辛夷、广陈皮、博落回等多种植物具有较好的杀虫活性，茄科、百部科、藜科、马钱科、豆科、菊科、仙茅科、玄参科、芸香科、天南星科、姜科、唇形科、桔梗科、忍冬科、伞形科、蓼科、大戟科等植物的杀虫活性值得深入研究，豆科、禾本科、菊科、伞形科、十字花科、马兜铃科、唇形科、葫芦科、蓼科、木兰科、百合科、木犀科、莎草科和樟科等植物的杀菌活性具有良好的开发应用前景。

利用药用植物具有杀虫、杀菌、除草及生长调节等特性的功能部位，或提取其活性成分，加工而成的药剂就称为植物源农药。植物源农药的活性成分多种多样，从化学分类角度来看，几乎涵盖了所有的成分类别，包括生物碱类、糖苷类、醌类、酚类、木聚糖类、甾类、丹宁、黄酮类、独特的氨基酸和壳多糖、蛋白质、萜烯类、聚乙炔类及植物挥发油（香精油）等。植物源农药按防治对象可分为植物源杀虫剂、植物源杀菌剂、植物源抗病毒剂、植物源除草剂；按作用方式可分为毒素类、植物内源激素、植物昆虫激素类、拒食类、引诱和驱避类、绝育类、增效类、植物防卫素类、异株克生类。

鱼藤

从植物源农药的来源来看，作为自然界自身长期存在的一类天然产物，在长期进化中，植物源农药中的有效成分在进入环境后有其自然降解的途径和规律。因此，很多学者认为该类农药是一种环境友好型农药，在环境中易降解，对非靶标生物低毒、安全。植物源农药具有以下特点：

（1）作用方式特异。植物源杀虫剂除具有与有机合成杀虫剂相同的作用方式（触杀、胃毒、熏蒸）外，还具有拒食、抑制生长发育、忌避、忌产卵、麻醉、抑制种群形成等特异的作用方式。这些特殊的作用方式并不直接杀死害虫，而是通过阻止害虫直接危害或抑制种群形成而达到对害虫的可持续控制。

（2）对生态环境安全。植物源农药的主要成分是天然化合物，这些活性物质主要由 C、H、O 等元素组成，在长期的进化过程中已形成了固定的能量和物质循环代谢途径，受阳光或微生物的作用后容易分解，半衰期短、残留降解快、被动物取食后富集机制差，所以使用后不易产生残留，不会引起生物富集现象，对环境污染小。植物源农药一般是通过胃毒作用或特异性作用来驱杀害虫的，触杀作用较少、选择性强，因此对天敌等非靶标生物应该是相对安全的。

（3）害虫不易产生抗性。对有害物的抗药性突变频率和抗药水平起决定作用的是药剂的作用机制，作用靶点单一的农药极易因有害物单基因或寡基因突变而降低与受药位点（靶点）的亲和性，从而表现出抗药性。植物源农药多是从植物中提取的多种物质的混合物，成分复杂，其作用位点（靶点）多，能够作用于有害生物的多个生理系统，有利于克服有害生物的抗药性。

（4）具有特殊生物活性。植物源农药除了具有抗病虫草害作用外，使用后还表现出明显的肥效、增产作用。同时，在调节作物生长、提高植物免疫、抗逆以及产品保鲜方面亦具有明显功效。

（5）局限性。多数天然产物化学结构复杂，不易合成或合成成本太高；

活性成分易分解，制剂成分复杂，不易标准化；大多数植物源农药药效慢、使用次数多、残效期短，不易为农民所接受；原料采集受地域、季节等影响较大。

植物源农药的应用历史悠久，西方国家早在古埃及和古罗马时期就开始使用植物材料进行病虫防治，中世纪以后关于利用植物防虫防病的文献报道逐渐多了起来，如1763年，法国开始使用烟草和石灰混合后防治蚜虫。近代（1850年以后）大量的杀虫植物被利用，包括除虫菊、鱼藤属植物、苦木、沙巴草、鱼尼丁、毛叶藜芦和印楝等。

早在公元前7—前5世纪，我国的《周礼》中就有利用植物来杀虫防病的记载，如《周礼·秋官司寇·司隶／庭氏》记载了防除蠹虫的方法，"翦氏掌除蠹物，以攻禜攻之。以莽草熏之，凡庶蛊之事。"《神农本草经》、《齐民要术》及《本草纲目》等古书中同样也记载了大量具有杀虫抑菌作用的植物。新中国成立初期，我国进行了较为广泛的农用植物普查，并编著了《中国土农药志》，该书较为详细地记载了大量具有农药活性的植物。

尽管已筛选出多种具有开发价值的农药活性植物资源，但由于受到植物自然资源的有限性制约，以及国民经济现状和使用者认知水平的影响，目前产业化的植物源农药品种仍然较少。美国是植物源农药产业化品种最多的国家，据美国国家环境保护局公布的数据显示，截至2014年2月，美国已经注册的生物农药共390种，其中植物源农药有69种。而据我国农业部农药检定所的调查显示，2012年处于正常生产的植物源农药有14个，且产量参差不齐。

除虫菊

　　除虫菊（学名：*Pyrethrum cinerariifolium*）是菊科多年生草本植物，与烟草、毒鱼藤合称为"三大植物性农药"。传说很久以前，在古波斯一带，有一妇女从田间采回一些美丽的小花，不久把枯萎的小花丢在屋角，数周后发现在枯花周围有一些死虫。这是有关除虫菊具有杀虫作用最早的传说，未见于文字记载。又据说早在19世纪初期，亚美尼亚人发现北高加索的一个部落用一种红花除虫菊的粉末杀虫。大约在1840年，在南斯拉夫的达尔马提亚地区发现白花除虫菊的杀虫毒力更高，此后作为杀虫药用植物被引种到世界各地大规模栽培，1935年我国开始少量种植。

　　除虫菊茎高达60厘米，全株密披灰色柔毛。叶自根部丛生，柄细长，为羽状深裂，再一回分裂，裂片呈线形。花分红、白、紫数种，美丽、芳香，外周镶着一圈洁白的舌状花瓣，中央为黄色管状花，淡雅而别致，是很好的观赏植物。世界上的除虫菊有15种，其中含较高杀虫有效成分的为4种。

　　除虫菊素是除虫菊花中的主要杀虫成分，为黄色黏稠状液体，在碱、强光、高温下（60℃）不稳定，不溶于水，主要有六种具有杀虫活性的成分。其中，又以除虫菊素Ⅰ（Pyrethrin Ⅰ）、瓜叶菊素Ⅰ（Cinerin Ⅰ）、茉酮菊素Ⅰ（Jasmalin Ⅰ）击倒活性强，而除虫菊素Ⅱ（Pyrethrin Ⅱ）、瓜叶菊素Ⅱ（Cinerin Ⅱ）、茉酮菊素Ⅱ（Jasmalin Ⅱ）的致死活性强。

除虫菊素Ⅰ　　　　　　　除虫菊素Ⅱ

瓜叶菊素 I

瓜叶菊素 II

茉酮菊素 I

茉酮菊素 II

这六种成分协同作用最终达到杀虫目的。其作用机理是接触或渗透到害虫的体表浅层，进而接触到神经末梢，阻断钠离子传输通道，致使害虫神经系统紊乱，造成害虫"休克"（击倒）并最终致死。除虫菊素所含的两大类物质中，I 类物质为速效性成分，一般在数秒至数小时内将害虫击倒；II 类物质持效期稍长，一般达 24 小时，可持续杀死害虫。因此，除虫菊素是植物源杀虫剂中为数不多的速效性成分之一，与苦参碱、印楝素等缓效成分相比，除虫菊素具有速战速决的特点。除虫菊素对多种农作物害虫、卫生害虫、贮藏品害虫、家禽养殖和宠物害虫以及公共环境害虫等均有良好的控制作用。实验证明，天然除虫菊素的杀虫谱可以达到百种以上，它对特定的鳞翅目、双翅目、同翅目等的害虫效果最好，这其中包括了大多数的卫生害虫。

与其他化学农药相比，除虫菊素具有以下优点：

（1）毒性低。除虫菊素对大多数冷血动物毒性较高，但对绝大多数温血动物则毒性极低，经试验证明其对温血动物的毒性仅与食盐相当，大鼠急性经口半数致死剂量（LD_{50}）为 2330 毫克／千克（雌）和 3160 毫克／千克（雄），而食盐 LD_{50} 是 3000 毫克／千克。这主要是由于温血动物可以产生使其迅速分解为水和二氧化碳的酶，而大多数冷血动物则缺少产生这种酶的防御机制，因此在使用过程中，除虫菊素对人畜较为安全。

（2）不易产生抗药性。绝大多数农药在使用一段时间后都会产生抗药性问题，但除虫菊素则不同，由于其主要杀虫成分有六种，害虫产生对一种成分的适应性相对容易，要同时产生对六种成分的适应性就难了，其概率几乎可以忽略不计。因此，在除虫菊素被研发利用的 100 多年来，未出现害虫对其产生抗药性的报道。

（3）低残留。除虫菊素具有易光解的特点，遇强光照迅速分解，在自然光照射下最快 24 小时完全分解为水和二氧化碳，无残留，可谓源于自然、归于自然，对环境友好、无污染。

因在 20 世纪受到化学合成农药的冲击，除虫菊素农药很长一段时期内未受重视。但随着人们的健康和环保意识的不断提高，以及对化学农药污染危害问题的关注，尤其是"绿色食品"的兴起，使人们重新认识到天然除虫菊素存在的更多优点和不可替代性。在美国及欧洲许多国家，除虫菊素农药被允许使用在有机农业生产中，并且是唯一可直接用于食品加工行业除虫的物质；在日本，除虫菊素作为农药销售和使用可以免予登记；在中国，除虫菊素被列为生产"A"级及"AA"级绿色食品及有机食品的首选杀虫剂。除虫菊素被联合国粮食及农业组织（FAO）和世界卫生组织（WHO）评价为"迄今为止发现的最安全有效的杀虫物质。

鱼藤

鱼藤（*Derris*）属于豆科藤本植物，是最早被世界公认的最重要的杀虫植物之一。鱼藤根含有杀虫成分鱼藤酮（Rotenone）及其类似化合物，包括鱼藤素（Deguelin）、灰叶素（Tephrosin）、灰叶酚（Toxicarol）和其他似鱼藤酮化合物。鱼藤盛产于亚洲热带和亚热带地区，如东印度半岛、菲律宾群岛、马来半岛等地，我国的广东、广西、福建和台湾等省（自治区）也是鱼藤的主要产区。世界上鱼藤属共有 70 多种，我国有 20 多种，多生于沿海河岸灌木丛、海边灌木丛或近海岸的红树林中。

人类对鱼藤属植物的利用和研究比较早，几千年前南美洲的土著居民就知道把含鱼藤酮的尖荚豆属植物作为毒鱼剂，用来获取食物。他们在湖和小河中拖动这些植物或将这些植物的茎秆和根碾打出的汁顺着小溪流入池塘中，鱼就会变得麻木而易于捕捉，这种方法捕获的鱼人吃了没有什么副作用，因为所含鱼藤酮的量很低。现今菲律宾等东南亚沿海一带还经常有人在珊瑚礁海域和退潮后海水滞留海域及无法撒网的水域，利用鱼藤根粉捕鱼。鱼藤酮能杀死鱼类和部分水生昆虫，而对浮游生物、致病菌、寄生虫及其休眠孢子不起作用，是清理鱼塘的理想药剂。19 世纪中叶，我国民间就把含有鱼藤酮类物质的植物作为杀虫剂和毒鱼剂来使用，后来作为植物农药来使用。20 世纪 40 年代开始对鱼藤属植物进行系统研究，其杀虫谱比较广，主要活性成分是鱼藤酮类化合物，具有毒性，但对农作物安全、对哺乳动物低毒，是比较理想的植物源农药。鱼藤属植物还具有抗氧化、抗癌、抗菌、降血糖、镇痛等功效。

作为植物农药来使用，是鱼藤最主要的用途。鱼藤杀虫谱广，据试验它对 18 目 150 科 549 属 784 种害虫均有毒杀力，且对蚤、虱、螨、家蝇、蚜虫、夜蛾、玉米螟、小菜蛾等重要的农林害虫的毒杀效果特佳。鱼藤提取物还能抑制某些病原孢子的萌发和生长，或阻止病菌侵入植株。水稻、花生、蔬菜、花卉等作物喷洒鱼藤制剂后会变得一片绿，且丰产增收。花农对它情有独钟，年橘上市前无论有无害虫都要喷一次鱼藤制剂，可保持叶片一个月之内青葱翠绿而不会黄落，卖相特好。

鱼藤也有较多的医学用途。李承祜《生药学》中记录，可作疗癣药。《福建民间草药》认为，其有杀虫解毒、治脚癣功效。《常用中草药手册》介绍，可散瘀止痛、杀虫，治跌打肿痛（皮肤未破）。《中药大词典（1997）》中记载，鱼藤茎具有利尿除湿、镇咳化痰的功效，民间用以治疗肾炎、膀胱炎、尿道炎、咳嗽等症。据我国学者报道，鱼藤酮可治疗"癞皮狗"病、犬疥螨病，1%鱼藤酮软膏可治愈牛螨病，鱼藤精可治愈猪疥癣病。马来人曾用鸦片和鱼藤作为堕胎药，并将鱼藤根和椰子油一起煎煮用来治疗疥疮，用鱼藤根制作的膏药可以用来治疗肿胀和麻风病。

鱼藤的有效成分为鱼藤酮，分子式为 $C_{23}H_{22}O_6$，纯品为无色六角板状晶体，熔点 163℃，几乎不溶于水，易溶于氯仿等极性有机溶剂，在光和碱存在下氧化作用快，易失去杀虫活性，在干燥、低温、避光和密封条件下比较稳定。鱼藤酮是高度脂溶性化合物，容易通过消化道和皮肤吸收，而且进入机体后易穿透细胞膜，与特定的细胞成分发生反应进而发挥其效应。

鱼藤酮类化合物中的鱼藤素，对多种癌细胞形成及发展具有预防和治疗作用。随着人们对恶性肿瘤研究的不断深入，越来越多的信号通路不断被发现。其中，磷脂酰肌醇 -3- 激酶（PI3K）介导的信号通路在多种恶性肿瘤的发生、发展、转归中具有重要作用。鱼藤素能够作用于 PI3K 信号通路中的多个关键分子发挥对多种肿瘤细胞的抗瘤效应，使 PI3K 信号

通路在多个恶性肿瘤谱中表达失
调，如乳腺癌、肺癌、胃癌及前
列腺癌等，使肿瘤的发生和发展
受到抑制。

广谱

表明药物对很多种微生物、致
病因子或疾病有效。

但是鱼藤酮的一个潜在障碍
是可导致帕金森样疾病综合征的风险，尤其是在高剂量使用时。帕金森病
（Pakinson's disease, PD）是一种常见的神经退行性疾病，在 50 岁以上人
群中发病率较高。该病的临床症状有运动障碍、肌僵直、静止性震颤，典
型的神经病理改变是中脑黑质致密区多巴胺能神经元选择性变性、缺失及
纹状体多巴胺含量明显减少。鉴于 PD 是一种神经机能障碍性疾病，与线
粒体异常有关，所以人们有理由推测，作为线粒体复合物 I 抑制剂的鱼藤
酮可能是 PD 发病的潜在因素。理由：①鱼藤酮对线粒体复合物 I 的抑制
作用可以导致大量的自由基和凋亡诱发因子的产生，二者均可以引起神经
元退变；②业已证实 PD 患者的黑质纹状体线粒体复合物 I 的活性确有明
显下降；③一些物质如 N- 甲基 -4- 苯基 -1,2,3,6- 四氢吡啶（MPTP）
引起类似 PD 症状的机制也是通过抑制线粒体复合物 I 而实现的；④鱼藤
酮作为一种**广谱**有效的杀虫剂，已被广泛使用。尽管上述结果证明了鱼
藤酮可以引起 PD 症状，但是迄今为止尚未见有单独接触鱼藤酮引起人类
PD 的流行病学调查报告。

鱼藤酮是细胞呼吸代谢的抑制剂，能够直接通过皮肤、气孔等进入虫
体，然后迅速抑制线粒体的呼吸，中毒症状表现很快。鱼藤酮影响昆虫的
呼吸作用时，主要是与 NADH 脱氢酶与辅酶 Q 之间的某一成分发生作用，
使害虫细胞的电子传递链受到抑制，从而降低生物体内的 **ATP** 水平，最
终使害虫得不到能量供应，然后行动迟滞、麻痹而缓慢死亡。许多生物细

胞中的线粒体、NADH 脱氢酶、丁二酸、甘露醇及其他物质对鱼藤酮都存在一定的敏感性。

鱼藤酮还能干扰菜粉蝶幼虫的正常发育，因为菜粉蝶幼虫的生长需要能量供给，并且幼虫的蜕皮、化蛹均需要能量聚集到一定水平方能突破旧表皮并蜕掉而完成蜕皮和化蛹过程。因此，幼虫生长发育的抑制以及畸形虫的出现很可能是由于鱼藤酮抑制了呼吸作用而使能量降低所致，表明鱼藤酮可能对昆虫的生长发育产生影响。

另外，鱼藤酮还能破坏中肠和脂肪体细胞，造成昆虫局部变黑，严重影响中肠多功能氧化酶的活性，使鱼藤酮不易被分解而有效地到达靶标器官，从而使昆虫中毒致死。鱼藤酮除了影响昆虫的呼吸作用外，还可影响多种植物的线粒体。在植物线粒体内膜中有 NADH 氧化酶，一种是可以保存能量的复合体 I，对鱼藤酮敏感；另一种 NADH 脱氢酶不保存能量，对鱼藤酮也不敏感。

鱼藤酮是一种强烈的神经毒剂，中毒后引起呼吸中枢及血管运动中枢的麻痹，对人的致死量为 3.6 ～ 20 克，误食大剂量的鱼藤酮将导致严重的抽搐、昏迷、呼吸衰竭及心、肝、肾等多器官功能衰竭。鱼藤酮虽属中等毒性，但不小心很容易引起中毒事件。

鱼藤酮中毒后需及时送往医院抢救治疗，保持呼吸道畅通，并进行洗胃以减少毒素的吸收。鱼藤酮主要作用于延脑中枢，使患者先兴奋后抑制，出现呼吸中枢兴奋和惊厥，严重者则出现抽搐和昏迷。全身肌肉反复而持久的抽搐和痉挛可引发呼吸肌痉挛性麻痹或窒息，从而导致患者死亡，同时持久的抽搐还可导致骨骼肌损伤，加重脑水肿及其他器官组织缺血缺氧，进而诱发多器官功能障碍综合征。因此，尽早气管插管、机械通气及止痉是抢救重度鱼藤酮重度患者成功的关键。由于长时间的抽搐，导致呼吸肌麻痹、缺氧，中毒患者都会表现为不同程度的氧分压偏低，进而损害重要脏器功能，因此需要预防低氧血症的并发症。中毒后，由于大量呕吐、洗胃以及高渗透水利尿剂的使用，需防止发生水、电解质、酸碱紊乱；由于鱼藤酮所致的肌肉痉挛、抽搐、昏迷极易造成脑细胞缺氧及通透性改变，因此需要防止脑水肿现象。

第五章 无机农药

　　无机农药即农药中的有效成分属于不含碳元素的无机化合物，大多数由矿物原料加工而成，所以又叫矿物性农药。常见的无机农药包括以下几类：①无机杀虫剂，包括无机氟杀虫剂（如氟化钠、氟硅酸钠等）和无机砷杀虫剂（如白砒、砷酸铅、砷酸钙等）；②无机杀菌剂，有硫酸铜、波尔多液、铜皂液、硫黄、石硫合剂、铜氨合剂、胶体硫、氟硅酸等；③无机杀鼠剂，有磷化锌等；④熏蒸剂，有磷化铝、磷化钙等。

　　无机农药历史悠久，生产方法简单，可因地制宜，充分利用当地的资源进行生产。其中，波尔多液、石硫合剂、磷化铝、磷化锌等至今仍是优良药剂，被广泛使用。但是，无机农药品种少、药效低、易产生药害，因而局限性较大。由于无机杀虫剂的杀虫效能不如有机合成的杀虫剂，且易发生药害，所以除波尔多液、石灰硫黄合剂等几个品种外，目前绝大多数品种已被有机合成农药所代替。

　　19世纪70年代至20世纪40年代，一批人工制造的无机农药（包括氟、砷、硫、铜、汞、锌等元素的化合物）得到大力发展，可称之为无机农药时代。最早出现的无机农药是石硫合剂。1851年，法国人格里森（M. Grison）以等量石灰与硫黄加水共煮制成了格里森水，使石硫合剂得以问世。1867年，人们发现了巴黎绿（含杂质的亚砷酸铜）的杀虫作用。1882年，法国人米亚卢德在波尔多地区发现硫酸铜与石灰水混合液能够防治葡萄的致命病害霜霉病，并将此混合液命名为波尔多液。波尔多液拯救了法国的酿酒业，米亚卢德因此被推崇为民族英雄，成为农药发展史上的一个著名事例。1890 年，吉勒特提出了用砷酸铅杀虫的想法。在莫尔顿和弗纳尔德的努力下，砷酸铅于 1894 年上市，1906 年开始大量生产，1912 年开始以砷酸钙代替砷酸铅。

在 20 世纪 40 年代以前，无机除草剂也得到了广泛使用，如亚砷酸盐、砷酸盐、硼酸盐、氯酸盐等。由于这些盐类在一定浓度下几乎可致死所有的植物，因此不能在农田中推广，主要用于清理铁路、沟渠等处的杂草及灌木。那时使用的无机灭鼠剂有亚砷酸（白吡）、黄磷、硫酸铊、碳酸铜、磷化锌等。

引申：最早通过开发出现的无机农药——石硫合剂

1851 年法国 M.Grison 用等量的石灰与硫黄加水共煮制取了石硫合剂雏形——Grison 水。石硫合剂是最早通过开发出现的无机农药。在很久以前，人们就用硫黄水给家畜洗澡以治疗其皮肤病，后来发现硫黄水和石灰乳的混合液（即石硫合剂）比单用硫黄水在防治家畜皮肤病方面的效果更好。1885 年前后，石硫合剂又被发现能够防治农作物害虫，特别是防治介壳虫、红蜘蛛的效果很好。现在，石硫合剂已成为农业上应用最广、使用最多的一种杀虫、杀菌药剂了。石硫合剂的主要成分是多硫化钙和硫代硫酸钙，之所以能够杀虫、杀菌，是二者与空气中的氧气、二氧化碳、水发生化学反应后析出的硫黄在起作用。它能够杀死棉花或果树上的红蜘蛛、害虫卵和介壳虫，能防治稻瘟病、麦类锈病和白粉病、梨叶肿病、桃褐腐病、梨锈病等。

砷酸类农药

砷是人类早已认识和使用的类金属元素，主要以砷化合物的形式存在于自然界。《山海经》中存有关于礜石(含砷矿石)毒鼠的记载。礜石有毒，《说文》云："礜，毒石也，出汉中。"《山海经·西山经》说："（皋涂之山）有白石焉，其名曰礜，可以毒鼠。"因为可以药鼠，所以白礜石在《吴普本草》中也被称作"鼠乡"，特生礜石在《别录》中也被称作"鼠毒"。

礜石、特生礜石、苍石皆可以确定为砷黄铁矿（Arsenopyrite），又名毒砂，化学组成为 FeAsS。这种矿石常呈银白色或灰白色，久曝空气中则变为深灰色。对于礜石，《别录》中说："火炼百日，服一刀圭。不炼服，则杀人及百兽。"王奎克在《砷的历史在中国》一文中的解释也很有道理："礜石在空气中氧化或缓慢加热时，会生成有毒的砷酸铁（$FeAsO_4$）。高温煅烧时，则所含的砷和硫分别成为气态的氧化砷和二氧化硫被除去，剩下的残渣主要是无毒的氧化铁（Fe_4O_3）。但这些残渣中会含有少量尚未分解的礜石或新生成的砷酸铁。当以残渣入药时，这少量的砷化合物就可以起无机砷剂的作用，例如促进红细胞增生，杀灭疟原虫等。"

礜石之所以能够杀死老鼠，是因为其中含有砷（As），但是砷本身毒性不大，其化合物、盐类和有机化合物都有毒性，尤以三氧化二砷（As_2O_3，又名砒霜、信石）毒性最强。公元前 5—前 3 世纪我国的战国时期，已能用毒砂（砷黄铁矿）、砒石等含砷矿物烧制砒霜，并知"人食毒砂而死，蚕食之而无忧"。6 世纪中叶，我国北魏末期农学家贾思勰编著的农学专著《齐民要术》中以及明末宋应星编著的《天工开物》中均提到了三氧化二砷在农业生产中的应用。李时珍在《本草纲目》中记载砒霜毒性很强。砒霜是最常见的砷化物，口服 50 毫克即可引起急性中毒，60～600 毫克（一

般 200 毫克）可致死，儿童的最低致死量为 1 毫克／千克体重。现代研究证实人体摄入少量的砷，可以用于治疗血液疾病。

由于砷的毒性，早在 2000 多年以前世人就将其用于农业作为杀虫剂，如亚砷酸钠、亚砷酸钙、砷酸铅、砷酸钙、砷酸锰等，均是常用的杀灭农业害虫（如蝼蛄、蝗虫、白蚁、森林毛虫、金龟子、棉毛虫等）的有效药剂。1867 年巴黎绿（一种含杂质的亚砷酸铜）开始应用。在美国，亚砷酸铜用于控制斯罗拉多甲虫的蔓延，使用范围十分广泛，1900 年成为世界上第一个通过官方立法的农药（美国）。

在无机砷化合物中使用比较多的是砷酸钙，主要用于防治地下害虫，其制备方法简单，是 20 世纪 30—40 年代重要的农药品种。J.S. 琼斯等通过分析美国果园土壤发现，喷洒砷酸铅的砷含量为 18 ～ 144 毫克／千克，未喷洒的为 3 ～ 14 毫克／千克。牛因吃了喷洒这种农药的庄稼而死亡的事故多次发生。砷可以在土壤中积累并由此进入农作物的组织之中，对农作物产生毒害作用的最低浓度为 3 毫克／升。由于无机砷化合物对人、动物和植物的毒性很大，故在农业上的应用逐渐减少，目前我国已禁止使用砷酸钙和砷酸铅等无机砷农药。

有机砷农药自20世纪60年代开始发展十分迅速。研发人员合成了许多新的高效、低毒的种子消毒剂，作为汞制剂的代用品。在杀菌剂、除莠剂、防腐剂等方面也出现了多种新的含砷化合物，主要品种有稻脚青（稻谷清、甲基胂酸锌）、稻宁（甲基胂酸钙）、田安（胂铁铵、甲基胂酸铁胺）、甲基硫胂（苏化911、阿苏精）、福美胂、福美甲胂等。退菌特是有机硫和有机砷杀菌剂的混合制剂。由于有机砷农药（如福美胂、福美甲胂）在生产、使用过程中对生产者、使用者存在一定的危害，进入土壤后容易被微生物降解为无机砷在土壤中残留聚集，造成对环境的污染和农作物砷残留量的增加，因而对环境和人畜健康存在安全风险。我国已于2015年12月31日起，禁止福美胂和福美甲胂在国内销售和使用。这两个产品的禁用标志着有机砷将彻底退出农药历史舞台。

砷化物对体内酶蛋白的巯基具有特殊亲和力，可与丙酮酸氧化酶的巯基结合成为复合体，使酶失去活性，影响细胞代谢，导致细胞死亡。代谢障碍首先危害神经细胞，引起中毒性神经衰弱症候群、多发性神经炎。进入血液的砷，由于损害了毛细血管，使腹腔脏器及肠系膜毛细血管严重充血，影响组织营养，引起肝、肾、心等器官损害。

急性砷中毒可在10分钟至5小时出现症状，临床出现急性胃肠炎，表现为咽喉、食管烧灼感、恶心、呕吐、腹痛、腹泻、"米泔"样粪便（有时带血），可致失水和循环衰竭、肾前性肾功能不全等；神经系统表现为头痛、头晕、乏力、口周围麻木、全身酸痛。重症患者烦躁不安、谵妄、妄想、四肢肌肉痉挛、意识模糊甚至昏迷、呼吸中枢麻痹死亡。急性中毒后3日至3周出现迟发性多发性周围神经炎，表现为肌肉疼痛、四肢麻木、针刺样感觉异常、上下肢无力，重症患者有垂足、垂腕，伴肌肉萎缩、跟腱反射消失。

慢性中毒患者多表现为衰弱、食欲不振，偶有恶心、呕吐、便秘或腹泻等。尚可出现白细胞和血小板减少、贫血、红细胞和骨髓细胞生成障碍、脱发、口炎、鼻炎、鼻中隔溃疡和穿孔、皮肤色素沉着，可有剥脱性皮炎，手掌及足趾皮肤过度角化，指甲失去光泽和平整状态，变薄且脆，出现白色横纹，并有肝脏及心肌损害。中毒患者头发、尿液和指（趾）甲的砷含量增高。此外，研究还发现长期砷接触的人群中，肺癌发病率较高。20 世纪 50 年代，德、法等国有报道指出，使用含砷农药的葡萄园工人中肺癌发病率增加。此外，职业性砷接触及含砷饮水也会引起肿瘤。

20 世纪 90 年代，张永玲等在我国山东某县开展了一项含砷农药污染环境的调查。一口民用水井因含砷农药污染水源，四年动态观察表明，砷在土壤中可长期稳定存在，并不断随雨水渗入地下，污染水质。井水超出国家生活饮用水水质标准 40 倍，土壤、蔬菜砷含量分别超标 5.5 倍、2 倍。饮用污染井水的人群慢性砷中毒消化系统症状占受检人数的 50% 、神经系统症状占 31.1%。

波尔多液

法国波尔多处于典型的地中海型气候区，夏季炎热干燥，冬天温和多雨，有着最适合葡萄生长的气候。常年阳光的眷顾，让波尔多形成了大片的葡萄庄园，葡萄酒更是享誉全世界。种植葡萄最害怕的就是一种霉菌，这种霉菌容易引起葡萄的霜霉病，一旦传播开来，好端端的葡萄就会逐渐枯萎，严重时甚至颗粒无收，但在当时并没有什么有效的处理方法。

1878 年，波尔多城的葡萄园正当开花结果的时候，又遭到了这种可怕的霜霉病的袭击。那些种植葡萄的人眼看着半年的辛苦就要付诸东流，于是四处去为葡萄求医，可是找了半天没有一个人有办法。但令人奇怪的是，独有一家葡萄园里靠近马路两旁的葡萄树却安然无恙，这是怎么回事？原来，由于马路两边的葡萄常常被一些贪吃的行人摘掉，园工们为了防止行人偷吃葡萄，就往这些树上喷了些石灰水，之后又喷了些硫酸铜溶液。石灰是白色的，硫酸铜是蓝色的，喷了以后行人以为这些树生了病便不敢再吃树上的葡萄了。本来是为了防止路人偷吃葡萄，可是没想到这些溶液喷洒之后，原本非常容易得霜霉病的葡萄树竟然再也没有得过这种病。

　　法国波尔多大学植物学教授佩尔·马利·亚力克西·米亚卢德了解情况后在实验室进行了研究，将石灰水和硫酸铜按不同比例混合，经过不断的实验和观察，选定了防治病害的最佳配剂方案，经过园工试用后取得了很好的效果，有效地控制了霜霉病的蔓延。后来研究又证明，这种新药不仅能够防治葡萄的霜霉病，还可以防治马铃薯的晚疫病、梨的黑星病、苹果的褐斑病等许多植物病害。1882年，由于这种药是在波尔多城试验成功的，所以米亚卢德给它命名为"波尔多液"，并自1885年起作为保护性杀菌剂而被广泛应用。

　　波尔多液是由硫酸铜、石灰和水配制而成的无机杀菌剂，按配制比例的不同可分为等量式、低量式、过量式、倍量式，如配制比例为1∶1∶100（硫酸铜∶生石灰∶水）的称为100倍等量式波尔多液。波尔多液的组成式为：

$$CuSO_4 \cdot xCu(OH)_2 \cdot yCa(OH)_2$$

x、y 因配制比例不同而异，起杀菌作用的物质是 $[Cu(OH)_2]_3 \cdot CuSO_4$。将蓝矾和石灰的混合物投入水中就能生成难溶的碱式硫酸铜，其化学反应如下：

$$4CuSO_4 \cdot 5H_2O + 3Ca(OH)_2 = [Cu(OH)_2]_3 \cdot CuSO_4 + 3CaSO_4 + 20H_2O$$

波尔多液因强附着力黏附于植物上，喷洒药液后在植物体和病菌表面形成一层很薄的药膜，该药膜不溶于水，在植物和病菌分泌的酸性物质、空气中二氧化碳的作用下，铜盐会溶解释放出浓度适中的铜离子。铜离子进入病菌体内导致细胞原生质蛋白质凝固变性而杀死病菌，并能促使叶色浓绿、生长健壮，提高树体抗病能力。

该药剂具有杀菌谱广、持效期长、病菌不会产生抗性、对人和畜低毒等特点，是应用历史最长的一种杀菌剂。波尔多液为天蓝色胶状悬浮剂，呈碱性，微溶于水，有一定的稳定性，但放置过久会发生沉淀并产生结晶从而使性质发生改变，所以必须现配现用，不能储存。波尔多液是一种良好的保护剂，应在病菌侵入前使用，发病后使用仅能防止病菌的再侵染，效果较差。

硫酸铜是波尔多液的主要成分，能溶于水，对植物易发生药害，一般对农作物都不直接施用。石灰与硫酸铜混合后变成在水中不溶解的"盐基性硫酸铜"，因而可以减少硫酸铜对植物的药害。所以石灰用量越多，对植物的安全性也越大，但它的杀菌作用也越慢，并且还会污染植物。相反，石灰用量少，杀菌效力快，不易污染植物，但药害也大，对植物的附着能力也差。常用的波尔多液配制方法见下表：

配合方式	硫酸铜／千克	石灰／千克	水／千克
等量式	1	1	100
硫酸铜减量式	0.75	1	100
硫酸铜半量式	0.5	1	100
石灰倍量式	1	2	100
石灰半量式	1	0.5	100
石灰多量式	1	1.5	100

配制波尔多液时先取两个木桶，一个桶内放水 50 千克，加规定的硫酸铜（最好先用少量的开水溶化）配成硫酸铜液；另一个桶内放水 50 千克，加规定的石灰配成石灰乳。然后将硫酸铜液和石灰溶液同时倒入第三个桶内，并用木棒进行充分搅拌，即配成波尔多液。配好后，可用磨亮的铁制小刀或剪刀插入波尔多液内片刻取出，检查刀上有无红色镀铜出现，如刀未变色即为标准的波尔多液，否则应加适量的石灰，至不见镀铜为止。

由于波尔多液含有硫酸铜，因而长期使用会造成铜在土壤中残留累积。徐州大沙河地区的果园已有 30 多年的波尔多液使用历史，研究发现果园土壤中铜的平均含量超过对照土壤值近 10 倍，污染状况与波尔多液使用历史有关，且种植在受到铜污染的土壤上的作物生长受到明显抑制。由于波尔多液不具有降解性，一旦受到污染将造成持久性影响，因此应避免波尔多液在果园长期使用。

波尔多液是应用范围最广、使用历史最久的果树保护性无机铜杀菌剂，目前在果树病害防治上占有重要地位。它具有很多特点，如杀菌力强、药效持久，能有效地防治蔬菜和果树霜霉病、炭疽病、锈病、黑斑病等多种病害；同时，对植物和人畜相对安全，微量的铜还能促进植物叶绿素的形成，刺激生长。在农药品种繁多的今天，波尔多液仍然是生产无公害农产品的首选杀菌剂。

第二篇
农业革命
有机氯农药

　　有机氯农药是工业革命后人类第一次大规模合成的化学农药，其杀虫性能之优异、见效之快，可谓"前无古人，后无来者"。1948 年，诺贝尔医学奖授予了瑞士化学家米勒，因为他研发了高效有机氯杀虫剂——滴滴涕（DDT）。然而，随着滴滴涕的广泛使用，人们渐渐发现在其杀虫药效背后所造成的环境影响也十分严重，最终在世界范围内开始禁用。

第六章　有机氯农药

有机氯农药（Organochlorine pesticides, OCPs）是一类由人工合成的杀虫谱广、毒性较低、残效期长的化学杀虫剂，是20世纪40年代开始研发并投入使用的第一代化学合成农药产品，主要分为以环戊二烯为原料和以苯为原料两大类。以苯为原料的包括六六六（HCH）、滴滴涕（DDT）和六氯苯等；以环戊二烯为原料的包括七氯、艾氏剂、狄氏剂和异狄氏剂等。有机氯农药的物理、化学性质稳定，在环境中不易降解而长期存在。

由于具有高效、低毒、低成本、杀虫谱广、使用方便等特点，在被相继研发出来的几十年里，有机氯农药被大范围运用。但随之而来的负面影响和作用也逐渐显现出来。由于有机氯农药非常难以降解，在土壤中可以残留10年之久，甚至更长时间，且容易通过食物链放大进入人体并在体内累积，对人体健康造成一定的危害。认识到有机氯农药的危害以后，西方国家开始有限制地生产和使用有机氯农药，到1970年，瑞典、美国等国就已经先后停止生产和使用滴滴涕，之后的几年里，其他发达国家也陆续停止了生产。但作为亚洲的农业大国，中国和印度直到1983年和1989年才分别禁止滴滴涕在农业中的使用。2009年我国境内禁止生产、流通、使用和进出口滴滴涕、氯丹、灭蚁灵。世界卫生组织于2002年宣布，重新启用滴滴涕用于控制蚊子的繁殖以及预防疟疾、登革热、黄热病等在世界范围的卷土重来。从有机氯农药在农业上使用到被禁用的几十年间，全世界大约生产了150万吨滴滴涕、970万吨六六六。

有机氯农药在我国的使用是从20世纪50年代开始的。自60年代至

80 年代初，有机氯农药的生产和使用量一直占我国农药总产量的 50% 以上，并且出口到很多第三世界国家。70 年代有机氯农药的使用量达到高峰，而到了 80 年代初有机氯农药的使用量仍占我国农药总用量的 78%。在我国曾经大量生产和使用过的有机氯农药主要有滴滴涕、六六六、六氯苯、氯丹和硫丹等。

我国生产与使用的有机氯农药中最主要的是六六六和滴滴涕。20 世纪 70 年代，这两种农药的总产量占当时全部农药产量的一半以上，而六六六（混合异构体，包括四种主要成分：α – 六六六、β – 六六六、γ – 六六六和 δ – 六六六）在我国的产量和使用量都居世界首位。至 1983 年，其累计产量达到了 490 万吨。但从 1983 起，我国开始全面禁止生产和使用六六六。2009 年 4 月 16 日，环境保护部会同国家发展和改革委员会等 10 个相关管理部门联合发布公告，决定自 2009 年 5 月 17 日起，禁止在我国境内生产、流通、使用和进出口滴滴涕、氯丹、灭蚁灵及六氯苯。我国仅保留作为三氯杀螨醇中间体的滴滴涕的生产及将滴滴涕作为疟疾大规模发生时的应急药剂。

氯丹也是我国生产过的主要有机氯农药之一，作为杀虫剂主要被用于预防白蚁，广泛应用于防治危害房屋建筑、土质堤坝和电线电缆的白蚁，近年来又将其用于绿地和草坪防治白蚁。人们将其撒在庄稼地、建筑物、林场和苗圃里，以控制白蚁和蚂蚁。1997 年停止生产氯丹，但现在不排除有些人可能还在使用储备的氯丹。另一种仍在生产和使用的有机氯杀虫剂是硫丹。硫丹是一种高效广谱杀虫杀螨剂，对果树、蔬菜、茶树、棉花、大豆、花生等多种作物害虫害螨有良好的防治效果。但是作为持久性有机污染物，自 2018 年 7 月 1 日起，我国将撤销所有硫丹产品的农药登记证；自 2019 年 3 月 27 日起，禁止所有硫丹产品在农业中的使用。艾氏剂、狄氏剂和异狄氏剂三种杀虫剂作为持久性有机污染物（POPs）或因未达到工业生产规模，或因仅处于研制生产阶段，而没有工业化生产。

长江中下游地区是我国农业最发达的地区之一，历史上曾生产和使用了大量的六六六和滴滴涕等农药。调查发现，长江中下游及长江口的有机氯农药污染在 20 世纪 60 年代到 80 年代中期最为严重，并在 70 年代达到顶峰。目前我国长江下游地区土壤中有机氯农药的含量大部分低于国家标准，但局部地区接近国家标准。虽然禁用已经超过 30 年，但由于在土壤与沉积物中的残留及食物链的积累传递，滴滴涕和六六六类农药的检出率依然很高，如太湖流域农田土壤中六六六、滴滴涕的检出率高达 100%，一些地区最高残留量达到 1 毫克／千克以上；在鱼体中的残留浓度比土壤中高出了近 100 倍，在夜鹭、白鹭的鸟卵中的含量被放大了 100 ～ 200 倍，对生态系统和人体健康构成了严重威胁。连内蒙古地区著名的畜牧业基地——呼伦贝尔草原的牧草及土壤中也检测出有机氯农药滴滴涕和六六六等，虽然含量低于国家标准，但由于其化学性质稳定、脂溶性强，使它们能长期存在，可能对牲畜和人类造成慢性毒害。

有机氯农药作为典型的持久性有机污染物，具有如下特征：

（1）持久性／长期残留性。有机氯农药具有长期持久性／长期残留性，在大气、土壤和水中都难以降解，其中在水中的半衰期可以达到几十天到 20 年之久，个别甚至可以达到 100 年；在土壤中的半衰期大多在 1 ～ 12 年，个别甚至可以达到 600 年。这主要是由于有机氯农药对于自然条件下的生物代谢、光降解、化学分解等具有很强的抵抗能力，所以一旦排放到环境中很难被分解，可以在水体、土壤和底泥等环境介质中存留数年或数十年甚至更长时间。

（2）生物蓄积性。有机氯农药是亲脂憎水性化合物，具有低水溶性、高脂溶性的特征，因而能够在脂肪组织中发生生物蓄积。在水和土壤系统中，有机氯农药会转移到固相或有机组织的脂质，因其代谢缓慢而在食物链中蓄积并逐级放大，最终影响人类健康。

（3）半挥发性和长距离迁移性。在环境温度下，有机氯农药能够从水体或土壤中以蒸汽形式进入大气环境或者吸附在大气颗粒物上，并随着温度的变化而发生界面交换，在大气环境中长距离迁移后重新沉降到地面上。例如，温度高的低纬度地区产生的有机氯农药的蒸汽压高，低温的极地等高纬度地区有机氯农药的蒸汽压低，从而易从蒸汽中分离而沉积到极地等地球表面，而且这种过程可以反复多次地发生，表现出所谓的"**全球蒸馏效应**"和"**蚱蜢跳效应**"，导致全球范围的污染传播。研究表明，即使在人迹罕至的南极地区生活的动物，在其体内也已经检测到部分有机氯农药。有

全球蒸馏效应（Global Distillation）

"全球蒸馏效应"的科学假设借用蒸馏原理成功解释了 POPs 从热温带地区向寒冷地区迁移的现象。如同化学实验室中的溶剂蒸馏实验（用火加热烧瓶中的溶剂，溶剂蒸发，随后气态的溶剂在冷凝管中冷凝成液态，并用接收瓶收集，从而达到分离提纯溶剂的目的），从全球范围来看，由于温度的差异，地球就像一个蒸馏装置——在低、中纬度地区，由于温度相对较高，POPs 挥发进入大气；在寒冷地区，POPs 冷凝沉降下来。因此，全球蒸馏效应也被称为"冷凝效应"（Cold Condensation Effect），最终造成 POPs 从热带地区迁移至寒冷地区，这就是从未使用过 POPs 的南北极和高寒地区发现 POPs 的原因。

蚱蜢跳效应（Grasshopper Effect）

POPs 在中纬度地区温度较高的夏季易于挥发和迁移，而在温度较低的冬季则易于沉降，因而导致在向高纬度迁移的过程中会有一系列距离相对较短的跳跃过程，这种特性就被称为"蚱蜢跳效应"。

机氯农药可以从热带和亚热带挥发，通过大气传输到低温地区，这是阶段性的迁移过程，通过一系列冷凝和再挥发，因挥发性差异引起有机氯农药的分级沉降。挥发性高的（如六六六）在高纬度地区有较高的浓度，而低挥发性的（如滴滴涕、狄氏剂和硫丹）不容易迁移到高纬度地区。

（4）慢性毒性。有机氯农药大多是对人类和动物具有较高慢性毒性的物质。近年来的实验室研究和流行病学调查都表明，有机氯农药能导致生物体的内分泌紊乱、生殖及免疫机能失调、神经行为和发育紊乱以及癌症等严重疾病。

有机氯农药急性中毒的症状表现为恶心、呕吐、腹泻、中枢精神兴奋、肌肉抽搐、麻痹、昏迷直至死亡。有机氯农药通过各种渠道进入人体后，大量积累在胸膜脂肪及皮下脂肪和内脏等部位，当积累到一定程度时会引起慢性中毒，表现为全身无力、头痛、头晕、食欲不振、失眠、四肢酸痛、感觉迟钝、震颤并引起肝、肾损害和贫血等现象，直接损害人的神经系统，破坏内脏功能，造成生理障碍，改变细胞的遗传物质，影响生殖和遗传进而影响后代。

在印度喀拉拉邦的卡塞咯达地区 Padre 村由于长期大量喷施硫丹防治腰果种植园的害虫，村民承受着多种疾病的折磨，主要有癌症、癫痫症、中枢神经紊乱、先天性畸形和自杀倾向等。同时，周围环境中的鱼、蜜蜂、青蛙、鸟类、鸡甚至牛的死亡率增高。1988 年，苏丹的一批奶酪被硫丹污染，致使 167 人中毒、2 人死亡。1991 年，苏丹人因食用硫丹拌过的玉米和小麦种子，致使 350 人中毒、31 人死亡。有机氯农药的致畸作用是明显的，美国在越南战争期间采用了落叶战术，以 2,4,5- 三氯苯氧甲酸为主要成分的落叶剂喷洒在树木上，两年后这一地区的畸形婴儿显著增多。在美国得克萨斯海湾，成千上万的海鸟、水禽及雀形目鸟类死于食用了喷洒过艾氏剂的水稻或食用过这种水稻的动物。

有机氯杀虫剂具有雌性激素的作用，可以干扰机体内分泌系统的功能。在过去的几十年里，许多新闻媒体、学术报告中都有野生动物生态多样性的报道。例如，美国西北部、东南亚等地有机锡导致腹足类雌性变为不育的雌性；日本也发现了雌性贝类长出了雄性器官；加拿大一种白鳖豚中许多雄性不仅有精巢而且具有卵巢；在英国，雄性虹鳟鱼体内发现了通常只有雌性虹鳟鱼肝脏中才有的特殊蛋白质。最典型的例子是在美国佛罗里达州的 Apopka 湖，曾发生剧毒物质滴滴涕泄湖事件，致使湖中鳄鱼数量锐减，且雄鱼的生殖器普遍变小，而雌性卵都不成熟。通过检测研究，发现滴滴涕的激素样作用使鳄鱼的内分泌紊乱，从而影响正常的生殖发育机能。近年研究表明，有机氯杀虫剂残留在体内会影响女性内分泌系统，对女性产生生殖和发育毒性作用，从而导致女性各种生殖疾病。Cooney 等研究发现，女性暴露于含有机氯杀虫剂的环境中会增大患子宫内膜异位的风险；Buck 等研究表明，血清中高含量的有机氯杀虫剂会导致女性内分泌紊乱、月经不调；调查还发现，孕产妇脐带血中 β-六六六含量越高、早产的风险越高。有机氯农药对男性生殖系统也会产生不良影响。非职业性接触有机氯农药的年轻男子的精液中，发现高暴露于含有机氯农药的环境中的男子精子数量减少、活动度降低、精子畸形率增多。此外，男性血液中滴滴伊（DDE，滴滴涕的主要代谢产物之一）含量越高，体内总睾酮水平和游离雄激素水平越低。

有机氯农药在人体的蓄积与乳腺癌的发生也有关系。滴滴涕人体蓄积是乳腺癌尤其是激素依赖性乳腺癌的高危因素。它可能干扰人体内激素水平，或直接发挥雌激素作用而导致乳腺癌的发生。诸多研究表明，暴露于有机氯农药环境中是导致女性乳腺癌的重要原因之一。1976 年唐山地震后为了消毒防病、保护灾民身体健康，在部分地区喷洒了杀虫剂和消毒剂，其中包括有机氯农药。作为持久性有机污染物，有机氯农药可以长时间残留于环境中，从而造成环境污染，也会残留于人体血液及脂肪中。同时调查还显示，人群总六六六残留与乳腺癌存在着一定的关联性，六六六残留水平越高，患乳腺癌的危险性越高。

有机氯农药还会随着哺乳危害下一代。研究表明，新生儿低体重、生长受限等也与亲代暴露于有机氯农药环境中高度相关，产前暴露于有机氯农药环境中的孕妇会影响新生婴儿的生长，如婴儿的体重、长度、头围和胸围均减小。北京市疾病预防控制中心曾经对北京地区 1982—1998 年人群体内有机氯农药滴滴涕、六六六的蓄积水平及动态变化进行了跟踪调查。1983 年，我国婴儿平均每千克体重每日摄入 46 微克有机氯农药（以 Cl 计），远高于联合国粮食及农业组织和世界卫生组织规定的 20 微克的最大值。可喜的是，停用有机氯农药以后，人乳中的有机氯农药含量呈现明显的下降趋势。在 1998 年已下降到 6 微克，但这一蓄积量与国外相比仍处于较高水平。

有机氯农药虽已停用 30 多年，但由于其生物富集性以及不易降解的特性，在环境中仍持久性存在，人类可通过食物链吸收有机氯农药，从而对人群健康造成危害。滴滴涕、六六六等高残留的有机氯农药为人类的环境和健康敲响了警钟，促使各国开始逐步设立环境保护机构，以进一步加强对农药的管理。如世界用量和产量最大的美国，于 1970 年颁布了《环境保护法》，把农药登记审批工作由农业部划归为国家环境保护局管理，并把其慢性毒性及对环境的影响列于考察的首位。鉴于此，农药研发的目标除高效、低毒外，开始重视环境安全性，同时也推动了农药环境毒理学研究的发展。

第七章 六六六和滴滴涕

滴滴涕的发现与历史贡献

一、滴滴涕的发现

1874 年，德国化学家齐德勒在实验室里首次由三氯乙醛和氯苯在硫酸存在下反应而制得二氯二苯基三氯乙烷（Dichloro biphenyl Trichloroethane)，简称 DDT（中文名称为滴滴涕）。由于齐德勒不知道 DDT 有何用途，再加上当时也没有人对它发生兴趣，所以只记录了它的化学成分之后，这份 DDT 文献就被搁置在图书馆里的书架上。

1939 年，瑞士化学家保罗·赫尔曼·穆勒在一家名为盖基的公司进行鞣革、羊毛防蛀剂等研究时，发现了 DDT 的杀虫功效。穆勒将这种化学药剂在苍蝇、葡萄害虫和马铃薯甲虫上进行试验，竟获得了意想不到的杀灭效力。更令他惊喜的是，把 DDT 药剂喷洒在门窗、农作物上，干燥后仍能在长达数天的时间里保持杀虫效能。值得提出的是，DDT 对人畜无害，也没有难闻异味的刺激，是人类企盼已久的理想杀虫剂。由于 DDT 易于制造，生产成本低廉，该成果很快被转化为生产力。瑞士嘉基公司很快申请了专利，并于 1942 年推出了两种含 DDT 的新型杀虫剂。由于新产品的杀虫效果好、适用范围广以及容易生产，引起了英国、美国等国杀虫剂制

保罗·赫尔曼·穆勒

1899 年 1 月 12 日—1965 年 10 月 12 日，出生于瑞士的奥尔登，瑞士化学家，发现了 DDT 的杀虫功效。1948 年获得诺贝尔生理学或医学奖，这是首次由非生理学家夺此殊荣。

造业巨头的关注。不久，在大西洋两岸 DDT 都得到了批量生产。

DDT 的毒性作用的部位是昆虫的神经轴突。受 DDT 毒化的神经的放电过程中，在电刺激产生单一峰以后，紧接一个延续的负后电位，并随后出现一系列的动作电位，即所谓"重复后放"。重复后放是昆虫的虫毒初期，即兴奋期，然后转入不规则的后放，有时产生一连串的动作电位，有时停止。这一阶段内昆虫出现痉挛和麻痹，而到重复后放变弱时乃进入完全麻痹。传导的终止即为死亡的来临。

二、滴滴涕的历史贡献

DDT 作为多种昆虫的接触性毒剂具有高毒效，其特点是毒性缓慢且长效，能破坏害虫的神经系统。投产后的 DDT 作为农药，在 1940—1941 年有效地防治了瑞士马铃薯甲虫的危害，还作为灭杀苍蝇的特效药。"时势造英雄"，一个机遇将 DDT 潜在的应用价值发掘了出来，使它在历史舞台上创造出惊天动地的伟大奇迹。

在第二次世界大战期间，盟军进驻意大利那不勒斯城，此时的那不勒斯正在发生流行性斑疹伤寒，病势猖獗到了无法收拾的地步，整个城市笼罩着死亡的阴影。随着盟军士兵和城市居民死亡率的不断上升，卫生部门感到束手无策，扰得军方首脑焦头烂额，急忙指令美国化学家哈尔柏研制灭虱药。可是远水救不了近火，于是盟军派人奔赴瑞士，嘉基公司向军方提供了 6 磅 DDT 予以试用，结果证明效果很好。于是，当局下令在城市设多处消毒站，盟军士兵和居民排着队接受 DDT 药剂喷洒，从而控制了病害的流行。

1945 年，美国占领了日本，为了灭虱预防疾病流行，又如法炮制在那不勒斯用过的办法：海关检查人员在入境港口严阵以待，登陆人员在衣物喷洒药剂后即被送入澡堂，用 DDT 粉冲泡的溶液从头到脚清洗一遍，经彻底消毒后才准予入境。

后来，又有一起重大病疫事件发生在南太平洋上。成群结队飞舞的疟蚊将众多岛国染成灰蒙蒙的一片，传播的疟疾严重地威胁着人类。如此大面积、大规模肆虐的蚊子，若要消灭它，除了 DDT 再也找不出第二张药方。于是岛国的有关部门出动飞机在南太平洋上喷洒 DDT，终于迅速遏制了疫病的蔓延。

据统计：1942—1952 年，DDT 至少拯救了 500 万人的生命，使数千万人免于疟疾、伤寒等疾病的传染。在印度，DDT 使疟疾病例在 10 年内从 7500 万例减少到 500 万例。到 1962 年，全球疟疾的发病率已降到很低，为此世界各国响应世界卫生组织的建议，在当年的世界卫生日发行了世界联合抗疟疾邮票。

这是最多国家以同一主题同时发行的邮票。在该种邮票中，许多国家都采用 DDT 喷洒灭蚊的设计。

DDT 的问世开拓了新型人工合成杀虫剂的道路，是第二代农药——有机合成农药蓬勃兴起的里程碑，标志着人们 2000 余年来应用天然及无机药物防治农业害虫的历史就此被改写，从此以后化学农药才大量生产并得以推广应用，成为现代化学工业的一个重要领域。

穆勒合成 DDT 及其生物活性触杀作用的首次被发现，在防治植物虫害以及人体免遭节肢动物传播疾病方面发挥了巨大的威力，为人类做出了重大的贡献，DDT 也在当时被称为"万能杀虫剂"，从此开始被广泛使用。在那个年代，DDT 被认为是最有希望的农药。为此，它的发明者——瑞士化学家保罗·赫尔曼·穆勒于 1948 年获得了诺贝尔生理学和医学奖。

历史的转折

是的，在 1962 年以前，没有人会对穆勒的获奖提出质疑，他的发现与其他生理和医学奖获得者的功绩一样，起到了造福人类社会的作用，这是完全符合诺贝尔奖精神的。然而穆勒却没有想到，DDT 的使用者甚至受益者也没有想到，这一切将在几十年后被人们推翻，DDT 不再是拯救人类的天使。其转折点是一本书的问世，即人所共知的《寂静的春天》。

最早发现 DDT 等农药长期危害的是美国海洋生物学家兼作家蕾切尔·卡逊（Rachel Carson）女士，在她 1962 年出版的《寂静的春天》一书中首次揭露了农药对生态环境的严重污染，从而造成了对生物和人体的损害。该书从一座虚设的城镇突然被奇怪的寂静所笼罩开始，通过充分的科学论证，表明这种由杀虫剂 DDT 所引发的"寂静"实际上正在美国各地发生，破坏了从浮游生物到鱼类到鸟类直至人类的生物链，使人患上慢性白血球增多症和各种癌症。此书的问世引起了社会的强烈反响，引发了一场历时数年之久的激烈论战——杀虫剂论战。杀虫剂论战不仅唤醒了公众对环境污染和生态破坏的警觉，而且推动了美国政府改变对农药的政策取向。

尽管有来自利益集团（化学工业界）方面的攻击，但毕竟《寂静的春天》中提出的警告唤醒了广大民众，最终导致了政府的介入。时任美国总统的约翰·肯尼迪阅读此书后，责成总统科学顾问委员会对书中提到的化学物质进行试验，以验证雷切尔·卡逊的结论。该委员会后来发表在《科学》杂志上的报告完全证实了蕾切尔·卡逊《寂静的春天》中的论题是正确的。同时，报告批评了美国联邦政府颁布的直接针对舞毒蛾、火蚊、日本丽金龟和白纹甲虫等昆虫的灭绝纲领。报告还要求联邦各机构之间协调，制定长远计划，立即减少 DDT 的施用，直至最终取消使用。另外，报告还要求把对杀虫剂毒性的研究扩大到对常用药物中潜在毒性的慢性作用和特殊控制的研究等方面。于是 DDT 受到美国政府的密切监督。至 1962 年年底，美国各州的立法机关向联邦政府提出了 40 多件有关限制使用杀虫剂的提案：美国联邦政府和各州都从减少杀虫剂的毒性影响出发通过了若干条法律、法规。DDT 最终于 1972 年在美国被禁止使用。

　　蕾切尔·卡逊的《寂静的春天》不仅影响了美国，还很快地传播到全世界。该书先后被译成法文、德文、意大利文、丹麦文、瑞典文、挪威文、芬兰文、荷兰文、西班牙文、日文、冰岛文、葡萄牙文等多种文字（中译本于 1997 年由吕瑞兰、李长生翻译，吉林出版社出版），这极大地引发了公众对环境问题的关注，环境保护问题逐步进入各国政府的议事日程，各种环境保护组织纷纷成立。

　　1969 年，美国开始限用 DDT 等农药，1970 年瑞典最先禁用 DDT，1972 年美国正式禁用 DDT，之后更多的国家先后在 20 世纪 70—80 年代禁用了 DDT，中国也在 80 年代开始禁用 DDT。虽然 DDT 遭到了禁用，但是其难降解性带来的安全性等争议却并未停止。

　　1996 年 Colborn 等在《我们被偷走的未来》（*Our Stolen Future*）中

揭露了包括 DDT 在内的内分泌干扰物（endocrine disrupters，Eds）对野生动物和人类的各种不利影响。Colborn 等认为 DDT 等内分泌干扰物能像激素那样只需微量就可以调控体内的代谢反应，因此把这些物质称为环境激素（environmental hormone）。该书和其他相关文章加深了人们对 DDT 危害性的认识，也促进了人们彻底消除 DDT 的决心。蕾切尔·卡逊用生命书写的巨著不但促使美国很

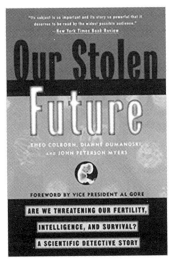

《我们被偷走的未来》

快成立了农业环境组织并在 1970 年成立美国国家环境保护局（EPA），还推动了整个世界的环境保护工作。

　　2001 年 5 月 22—23 日，《关于持久性有机污染物的斯德哥尔摩公约》将 DDT 列入"肮脏的一打"（Dirty Dozen），力图全球逐步禁用 DDT。截至 2005 年 5 月底，已有 151 个国家或组织签署了该公约，其中 98 个国家或组织已正式批准了该公约。同时，DDT 等有机氯农药还被列入内分泌干扰物名单、持久性生物蓄积性有毒物质（persistent bioaccumulative and toxic，PBTs）名单和各国的优先控制污染物名单等。

◤ 滴滴涕的危害

20世纪40年代开始使用DDT这种有机氯化合物杀虫药，由于其防治面广、药效好、急性毒性低、使用方便和残留毒性尚未被发现而被广泛用于防治作物、森林和牲畜的害虫。DDT曾经是世界上产量最高、使用量最大的农药。以DDT为首的有机农药成为粮食增产必不可少的重要手段，每年减少的损失约占世界粮食总量的1/3。

DDT当初令人称道的稳定性成了它的"撒手锏"。DDT可以经过分解转化成DDE或DDD，再由DDE或DDD转化为其他无害的物质，但这是一个极其漫长的过程。在人体内三年间转化成DDE的DDT还不到20%；DDT在土壤环境中消失缓慢，一般情况下约需10年；DDT的分解速度远远赶不上被人们生产的速度。

由于DDT有较高的稳定性和持久性，用药六个月后的农田里仍可检测到DDT的蒸发。DDT污染遍及世界各地。从飘移1000公里以外的灰尘、从南极融化的雪水中仍可检测到微量的DDT。DDT在土壤中，特别是在表层残留较高，因为DDT在土壤中易被胶体吸附，故它的移动并不明显。鱼类和贝类对DDT有很强的富集作用，例如牡蛎能将其体内的DDT含量提高到周围海水水体中含量的7万倍。微量的DDT在进入生物界的食物链之后，沿着食物链的方向进行富集，由于DDT脂溶性强、水溶性差，可以长期在脂肪组织中蓄积，并不能通过代谢排出体外，于是生物被再次捕食后，捕食者也就将他体内的DDT全数接收了。因此，越是位于食物链高端的生物体内的DDT含量就越高，在南极大陆定居的企鹅体内都有DDT的存在。其主要原因是，企鹅捕食海水中的鱼虾，而这些鱼虾可能会随着季节的变化在全球进行洄游，从而将别处的DDT带到南极。

1976 年，美国洛杉矶动物园的小河马因为饮用了农药厂排放的含有 DDT 废液的河水而全部死亡。DDT 毒性影响最显著的是使鸟类的蛋壳变薄，特别是食肉类猛禽。美国的珍稀动物秃鹰正渐渐走向灭绝的边缘，研究发现，是因为秃鹰的体内含有 DDT 而生下了软壳蛋，而这种蛋根本不能孵化出小鹰。美国波普卡湖区原来野鸟成群，但后来鸟群渐渐变少，源于其体内存在的 DDT 使钙的代谢受到影响，从而导致卵壳的硬度下降、孵化率降低。水生生物如藻类、浮游动物、软体动物、鱼类等对 DDT 毒性效应比较敏感，其半致死浓度（LC_{50}）可低至微克 / 升的级别。之后的一些资料表明，DDT 对人类的健康危害也十分显著，甚至在母乳中检测到 DDT，早产、青春期提前等一些症候也直接和 DDT 有关。

DDT 在人体内的代谢主要有两个方面，一是脱去氯化氢生成

LC_{50}

Lethal Concentration 50 的缩写，指在动物急性毒性试验中使受试动物半数死亡的毒物浓度。

DDE。在人体内 DDT 转化成 DDE 相对较为缓慢，三年时间转化成 DDE 的 DDT 还不到 20%。1964 年对美国民众体内脂肪中的 DDT 调查表明，DDT 总量平均为 10 毫克／千克，其中约 70% 为 DDE。DDE 从体内代谢尤为缓慢，生物半衰期约八年。二是 DDT 可以通过一级还原作用生成 DDD，同时转化成更易溶解于水的 DDA 而消除，生物降解半衰期只需约一年。

　　DDT 极易在人体和动物体的脂肪中蓄积，反复给药后，DDT 在脂肪组织中的蓄积作用最初很强，以后逐渐有所减慢，直至达到稳定的水平。与大多数动物一样，人可以将 DDT 转变成 DDE。DDE 比其母体化合物更易蓄积。不同国家的普通人群血液中总 DDT 含量范围为 0.01 ～ 0.07 毫克／升，平均值最高为 0.136 毫克／升。人乳中 DDT 含量通常为 0.01 ～ 0.10 毫克／升。如将 DDT 含量与其代谢物（特别是 DDE）含量相加，大约比上述含量高一倍。DDT 在普通人群尿液中的平均含量为 0.014 毫克／升左右。一般情况下，职业接触使 DDT 和总 DDT 在脂肪中的平均蓄积浓度分别达到 50 ～ 175 毫克／千克与 100 ～ 300 毫克／千克。

　　DDT 在我国已禁用 30 多年，但 2004 年的一项调查发现，以广州为代表的珠三角地区，母乳中 DDT 的含量严重超标。研究表明，目前珠江三角洲大气和河流中含有的 DDT 浓度过高，呼吸和吃鱼可能是居民摄入 DDT 的主要途径，而这也是当地母乳中含有大量 DDT 的原因。2008 年的一项调查发现，我国东部某些地区人体脂肪中 DDT 的检出率达 100%，最高含量约 30 毫克／千克，平均含量达 2 毫克／千克。环境中的低残留 DDT 仍对人体健康具有严重的潜在威胁。

1. 神经毒性

　　经研究表明，DDT 对脑组织的神经系统会产生毒害作用，由于 DDT

具有极强的脂溶性，它易通过神经组织的血脑屏障，在脑组织进行代谢转化，进而导致神经毒性作用的发生。DDT中毒可引起神经系统兴奋，上、下肢和面部肌肉呈强直性抽搐，并伴有癫痫样抽搐、惊厥发作。

1997—1999年，Ribas-Fito等对西班牙地区92名一岁婴儿的调查发现，出生前暴露于p,p'-DDE中与一岁婴儿的智力发育及运动发育延迟有关。p,p'-DDE的浓度每增加一倍，婴儿智力量表的得分降低3.50分，运动量表的得分则下降4.01分。随后他们又基于该出生队列以及在梅诺卡岛（Menorca）开展的另一个出生队列，测试婴儿在四岁时的神经发育水平。结果发现，孕期DDT暴露可导致学龄前儿童的语言能力、记忆能力、定量分析能力以及感知能力降低。脐血中DDT的浓度高于0.2纳克／毫升与浓度低于0.05纳克／毫升相比，儿童的语言量表得分降低7.86分，记忆量表得分则降低10.86分。不管是在个体发育时期还是在成人期，中枢神经系统都是雌激素作用的重要部位。雌激素有利于胆碱能的神经传递以及乙酰胆碱的释放，从而影响学习和记忆能力。

Torres-Sánchez等在2001年1月至2005年6月招募了1585名处于生育年龄并且正准备结婚的女性，对她们孕前、孕早期、孕中期以及孕晚期的DDE水平进行了检测，在婴儿出生后1个月、3个月、6个月和12个月用量表评测他们的运动发育指数（PDI）以及智力发育指数（MDI），结果发现孕早期DDE暴露与PDI的显著下降有关，DDE的浓度每增加一倍，PDI下降0.5分。孕早期是中枢神经系统以及神经元发育的关键时期，因此处在这个时期的胎儿对环境中有害因子的反应更为敏感。

2. 生殖毒性

大量动物实验表明：DDT具有类雌激素作用，属于环境雌激素。孕期暴露于DDT或其代谢物DDE的实验动物，它们的雄性子代可能会发生生殖系统畸形。Edmunds 等向青鱼的卵黄中微注射 DDT 后发现，青鱼从雄性变为了雌性。Guillette 等研究发现，美国佛罗里达州受到 DDT 严重污染的 Apopka 湖里，残存的幼鳄体内激素水平严重失衡，生殖系统发育不良。另有研究者对大西洋海鸟进行研究发现，长期暴露于 DDT 中的海鸟性腺变小，生育能力下降，性别比例失调。

2003 年 3 月至 2004 年 6 月，Asawasinsopon 等在泰国北部进行了一项研究，发现脐血中总甲状腺激素（TT4）水平的降低与 p,p'-DDE、p,p'-DDT 以及 o,p'-DDE 浓度的增加有关。因此，在胎儿的发育时期暴露于 DDT 及其代谢产物中，可能会影响子代的甲状腺激素水平。

3. 致癌性

国际癌症研究机构（LARC）将 DDT 列为可致癌物。流行病研究发现，患乳腺癌妇女血液中的 DDT 残余浓度比没有患该病妇女血液中的残余浓度高。类似某些其他有机氯化物，DDT 和它的持续分解产物 DDE 能模拟雌激素的作用，而雌激素是乳腺癌生长所需的一种激素。患癌瘤妇女体内的 DDE 浓度比未患癌瘤妇女体内的 DDE 浓度大约高 35%。

滴滴涕引发的历史反思

虽然在 1962 年之后 DDT 从"神坛"上摔落下来，人们进行了深刻的反思，开始了全球的大规模禁限用行动，但是直到今天 DDT 仍是不少地区人类救命的良药。在 DDT 被禁用后，一度被消灭控制的疟疾、伤寒又回来了。在发展中国家，特别是在非洲国家，每年大约有一亿多的疟疾新发病例，大约有 100 多万人死于疟疾，而且其中大多数是儿童。人类在对抗疾病虫害的道路上似乎又回到了原点。南非在 2000 年重新使用 DDT 来防治疟疾。与此情况类似的还有赞比亚、津巴布韦等一些非洲国家。世界卫生组织在 2006 年 9 月 15 日推荐更广泛地使用室内喷洒 DDT 来防治疟疾，再一次引爆了国际社会关于是否应该使用 DDT 的争论。2009 年的斯德哥尔摩会议制定了消除 DDT 的计划：2017 年禁止生产 DDT，2020 年全球禁用 DDT，这似乎将会吸引更多的关注。

那么，DDT 功耶过耶？事实上，DDT 是无数种化合物中具有里程碑意义的一个，只是因其结构功能上的特殊性而被化学家提炼出来，并赋予它杀虫剂的身份而曾广泛使用，为当时全球的农业生产与疾病预防做出了重大贡献。DDT 是人类智慧的结晶，是科学发展的产物。由于穆勒时期认知上的局限性，忽视了 DDT 在其他领域可能造成的危害。从另一个角度来说，这也只是我们在为自己生存而与世界抗争过程中所走的弯路之一。

令人欣慰的是，目前国际社会对 DDT 问题已达成了以下共识：

（1）DDT 会对人类健康造成潜在危害。它可以长期在脂肪组织中蓄积，并通过食物链在动物体内高度浓集，使居于食物链顶端的生物体内蓄积浓度比最初的环境浓度高出数百万倍，从而对机体构成危害。而人处在食物链最顶端，受害也最为严重。

（2）严格控制 DDT 在疟疾方面的用途，实行使用豁免制度。2006年 5 月，联合国环境规划署（UNEP）召开会议，决定将 DDT 的生产和使用限于控制疟疾等疾病，如果用作杀虫剂三氯杀螨醇的生产原料则需要登记；同年 9 月，世界卫生组织发表声明，修改了实行多年的防治策略，公开号召非洲国家重新使用 DDT 来防止疟疾流行。

（3）努力探寻 DDT 的替代品，大力提倡采用非化学品方式灭蚊。如消灭潜在的蚊子繁殖点，用纱网保护人在房屋里免遭蚊子侵袭，种植令蚊子退避的树木（如橡木），以及在室内撒石灰减少蚊子和人之间的接触等。2014 年实现了削减全世界 DDT 使用量的 30%，最早到 2020 年逐步淘汰DDT，同时实现由世界卫生组织设置的疟疾控制目标。

（4）世界上不存在无害的化学品，却普遍存在着有害的使用方法。如果只是利用 DDT 灭蚊，每平方米的墙壁只需 2 克乳剂，每年喷涂 1 ～ 2次即可。即使有少量 DDT 逃逸出去，对环境造成的影响也只相当于从前的 0.04%。任何滥用、高度依赖化学品的做法，虽获得了近期利益，却牺牲了长远利益，有时甚至会事与愿违。小到我们日常使用的方便塑料袋，大到发生在美国墨西哥湾的漏油事件，种种事实都验证了上述观点。

纵观 DDT 的发现、使用和被淘汰，经历了任何新生事物盛衰存亡的过程，是历史发展的必然，但 DDT 的万能杀虫效果必将和它对人类、环境的危害作用一样深深地烙在人们的心中。DDT 在农业和卫生领域的巨大成功，在全球掀起了研制有机合成农药以及其他人工合成化学品的热潮。从此地球上的人工合成化学品迅速增加起来，其中包括许多有毒的和未知毒性的化合物。

第三篇
亡羊补牢
农药管理发展史

自农药问世以来就存在着农药管理机构。早期美国的农药管理机构隶属于农业部门，而随着《寂静的春天》等环保书籍的问世，农药的环境危害逐渐显露并为人们所了解。为了更好地管理农药，预防与控制其环境影响，美国率先成立了国家环境保护局，并将农药的管理职责由农业部门移交给环保部门，开启了农药环境管理的新时代。这也为我国未来农药管理职能的变化提供了借鉴。

农药是重要的农用化学品，它的发明和使用被认为是农业生产的革命，它在防治、杀灭、趋避或减少农作物病虫草害和保证稳产高产等方面做出了巨大的贡献，已经成为农业生产中必不可少的生产资料。据统计，2011年全球农药市场为503.05亿美元，其中化学农药占85%以上，化学农药中杀虫剂占30%、杀菌剂占20%、除草剂占45%～48%。随着现代化农业生产和科学技术的发展，农业生产中使用化学农药的范围更加广泛。

农药不仅是重要的农林业生产物资，也是农产品质量安全和环境污染的主要风险因子，因此各国对农药均实施严格的管理措施。由于各国在农药生产和使用、管理历史、技术和资源等方面的差异，其所采用的农药管理制度也有所不同，概括起来可以分成三种类型：一种是以欧美发达国家为代表的管理制度，其特点是制度健全、全程管理，并以风险防控为核心；第二种是以中国和巴西等经济转型中的发展中国家和中等发达国家为代表的管理制度，其特点是制度相对健全但不完整，对各种农药风险和违法行为还不能进行全程管理；第三种是其他发展中国家的管理制度，由于受管理资源和能力的限制，管理制度相对简单，仅以登记为主。

农药管理是一项关系到食品、健康和环境安全的公共管理工作，属于国家行政行为，必须依法办事。早在 1905 年法国就颁布了《农药管理法》，成为全球第一个对农药实现法制管理的国家。随后，各国陆续颁布了农药管理法规，如美国（1910 年）、加拿大（1927 年）、德国（1937 年）、澳大利亚（1945 年）、奥地利（1948 年）、日本（1948 年）、英国（1952 年）、瑞士（1955 年）等。由于农药管理技术性强，除法规外，各国及国际组织起草发布了一系列涉及登记、试验、实验室管理、经营、使用指导、监督执法、风险监测、废弃物处理等的管理和技术规范，构建了完整的技术管理体系，使农药管理不仅有法可依，也有标可循。

农药管理涉及生产、经营、储运、广告、使用、国际贸易和废弃物处置等领域和行为，联合国粮食及农业组织与世界卫生组织联合颁布的《国际农药管理行为条例》中要求对农药实现全生命周期管理，以避免或减少农药对人、动物和环境的各种不利影响。

第八章　国外农药管理

美国农药管理

美国的农药生产量与使用量均居世界前列，基于保护环境与人类健康安全的需要，美国政府制定了一系列法律与法规，对农药的生产与使用进行规范与管理。

一、美国农药管理的法律框架发展历程

1910 年，美国颁布了《联邦杀虫剂法》，首次提出对杀虫剂和杀菌剂进行管理，这是美国有关农药管理的第一部法规，着重对农药标签进行管理。1938 年修订的《食品、药品和化妆品法》（FFDCA，1906 年），开始将农药纳入其中。1947 年颁布了《联邦杀虫剂、杀菌剂和杀鼠剂法》（FIFRA），替代原有的《联邦杀虫剂法》，首次提出农药登记审批要求。1959 年将植物生长调节剂、脱叶剂、干燥剂等列入 FIFRA 管理范围。1947 年生效的 FIFRA 是美国最重要的农药管理法规，1972 年进行了里程碑式的修订，此后又经过多次修改完善，最近一次修订在 1996 年，对美国农药管理体制以及农药登记、销售和使用管理都做出了明确规定。

从 1970 年 12 月 2 日开始，美国成立国家环境保护局（EPA），专门设置农药管理机构，并于 1972 年颁布《联邦环境农药管理法》（FEPCA）。此法对 FIFRA 做了较大的修改，使农药管理的重点从农药质量、药效及标签方面转向了农药对人类和环境的影响方面，首次将农药分为通用类和

限制类。通用类农药毒性低，对人、畜、环境较安全，使用者不需办理使用许可证；限制类农药毒性较高，使用不当会造成人畜中毒、环境污染，使用者必须办理农药使用许可证，申请登记的农药要求提供更为严格的试验资料。但该法颁布后，由于对农药登记资料要求过于严格，农药生产商难以满足，一度影响了农药工业的发展。因此，1975 年再次修改颁布 FIFRA 修正法。

各州政府以联邦农药管理法律法规为依据，根据各自的区域特点、农业生产、环境及水资源保护等方面的实际需要，制定相应的州农药管理法律法规。

二、美国农药登记管理机构

美国农药登记实行联邦和州两级登记管理制度，即农药产品取得联邦登记许可后，再由各州政府进行再评价登记，只有获得联邦、州两级登记许可后，方可在相应的州销售和使用。

1972 年以前，联邦农药登记管理由农业部（USDA）负责；1972 年联邦农药管理法案修订后，联邦政府授权 EPA 负责，其所属农药管理办公室（OPP）具体承担农药登记管理。EPA 依据 FIFRA 的规定对农药进行严格管理，包括评审、登记、撤销和吊销。经 EPA 审核批准后，各州可以管理本州的农药，但仍要接受 EPA 的监督。目前，大多数州由农业部门负责，部分州由环保局（如加利福尼亚州）或农业院校（如南卡罗来纳州）负责。EPA 与 FDA（美国食品药品监督管理局）、USDA 共同承担规范农药生产与使用的责任：OPP 主要负责杀虫剂及毒物等方面的安全管理，制定农药残留限量和相关法规；FDA 负责监测蔬菜、水果和海鲜类食品中农药残留量；USDA 主要负责监测畜禽类、奶类、蛋类和水产养殖产品的农药残留量。

　　美国农业部合作推广局、州县农业推广中心和农业大学推广中心负责全国农药技术培训和考试；州政府农药管理司或农业和消费者服务司农药办公室等是州农药管理执法单位，负责全州农药使用监督管理、农药使用许可证发放、食品质量安全监督等。EPA 在全美的 10 个派出机构负责保证公众健康和保护环境使其免受杀虫剂的影响，负责提供更安全的方法对害虫进行管理。州政府农业相关部门农药管理办公室有专门的农药使用管理巡视员，经常巡回检查，一旦发现违法，轻则批评教育，重则给予很重的处罚。从美国农药使用制度的执法机构来看，与农药生产、批发零售相关的主要执行机构有 EPA 及其分支机构、各州农药管理司或农药管理办公室等相关机构。

三、美国农药登记制度

　　EPA 对农药进行评审的目的是保证其不对人、环境介质和非靶生物造成不良影响，评审过程可能需要几年时间。农药登记所需资料，由农药生产企业委托相关资质单位，按照良好实验室规范（GLP）开展试验并提供。登记评审时，重点评估健康风险和环境风险，其中，健康风险评估主要关注职业健康、农药残留膳食摄入及其健康风险等，环境风险评估主要关注对有益昆虫、非靶标生物、地下水和地表水等的影响。评审时，对农药有效成分、使用地点、使用量、使用次数、使用时期、贮存和处置方法等进行评审，化学农药、生物农药、抗微生物农药提交的申请资料不同，评审过程也不同。此外，按照农药的使用范围，将农药分为旱地、水田、温室、森林、庭院和室内卫生用药，同样要求提供不同的登记资料。1984 年 11 月 1 日之前由 EPA 评审的所有有效成分需要重新登记，EPA 也需重新审定残留限量是否符合最新的规定。

FIFRA 设有登记资料研究开发费用补偿条款。有关条款指出，如果申请登记的农药相同，后来的申请者可引用已登记农药公司的相关资料，但须以书面形式许诺对其进行经济补偿。如果当事双方不能在 90 天内就补偿金达成协议，任何一方都可以提出法律仲裁以解决争议。EPA 不参与仲裁活动，而是由仲裁员按 FIFRA 的仲裁条例进行。仲裁是最终判决，可强制执行。如果相同产品申请者不遵守资料补偿协议，不交付补偿费用，EPA 可取消其登记。

四、美国农药环境风险评价体系

随着人们对农药的安全性有了更多的认识，欧美等发达国家率先开始了农药风险评估的探索。20 世纪 80 年代，环境风险评估得到了应用，农产品及食品安全、农药对人体健康及对整个生态环境的影响开始成为风险评估关注的主题。20 世纪 80 年代后期，美国将计算机技术和数学模型的开发应用于风险评估，使风险评估更为全面、迅速、准确、可靠，也使重大问题的决策和农药管理更具科学性。随着对农药危害和暴露的认识水平不断提升，相关科学研究不断深入，评估方法和程序也逐步建设完善。目前，评估内容涵盖了农药毒理、残留、环境生态等诸多与农药风险有关的领域。

农药风险评估是一个复杂的技术体系，按照保护目标不同，可以分为健康风险评估和环境风险评估（又称生态风险评估）两大类。美国国家科学院 1983 年在总结各地风险评价研究和实践的基础上，组织编写了《联邦政府风险评价：管理过程》，系统介绍了环境风险评价的方法，作为开展风险评价的技术指南。1986 年 EPA 发布《人体健康风险评估指南》，内容包括致癌风险评价、致突变风险评价、化学品混合物的健康风险、暴露风险；同年，又发布了另一本《人体健康风险评估指南》作为取代，标志着有害物（包括农药）对人体造成健康风险的评估已逐步进入成熟阶段。环境风险评估方面，1992 年 EPA 公布了生态风险评价框架，1996 年提出了生态风险评价准则，1998 年发布了详细的《生态（环境）风险评估指南》。该指南不仅叙述了生态风险评价的一般原理、方法和程序，而且大大扩展了生态风险评价的研究方向，即从传统的人类健康风险评估扩展到包括气候变化、生物多样性丧失、多种化学品对生物影响的风险评估。与以往的准则相比，该指南在整个生态风险评价过程中始终强调协商降低风险的重要性，增加了风险评价者、风险管理者和各个感兴趣团体之间的交流，更有利于风险评价和风险管理工作的进行。许多国家都用该指南来指导本国化学品及农药的生态风险评价。目前，EPA 已经建立了一整套完善的农药风险评估体系，对新农药、在用农药和撤销后的农药都建立了有效的监管机制，是很多国家农药管理的典范。在美国，EPA 负责农药登记时的风险评估。

美国的农药生态风险评价技术研究工作开展较早，迄今为止已取得了相当多的成果，主要包括生态风险评价准则的公布、生态风险评价技术体系的建立、评价模型的开发等。1998 年制定的《生态（环境）风险评估指南》是世界上最早的生态风险评价方面的指导文件，将生态风险评价过程分为三个主要阶段——问题表述、分析和风险表征，同时又根据不同的保护目标，建立了相应的风险评价技术，包括农药对地表水水生生物、陆生生物以及地下水的风险评价技术，各评价技术主要将焦点放在生态受体的选择、评价终点的确定、暴露评价方法及风险表征方法的选择等关键过程上，并对其中涉及的要素均做了明确的规定。其建立的生态风险评价方法已在实际的农药登记工作中得到了广泛的应用，如对二嗪磷、毒死蜱、杀扑磷等农药品种的评价。与此同时，随着风险管理要求的逐步提高，美国的生态风险评价技术也处于不断完善更新之中，如在农药水生生态风险评价方面，已经采用四个层次的生态风险评价系统，进行从简单到复杂、从保守到更接近现实的评价；在陆生生态风险评价方面，不断开发新模型，试图涵盖所有关键的暴露途径，以更好地估计陆生生物的暴露。此外，逐步完善概率风险分析技术及评价过程中不确定性的分析技术，也是美国农药生态风险评估技术发展的重点所在。

五、美国农药残留管理与残留监控计划

美国是世界上农药消费量最大也是对农药监控最严格的国家之一。美国食品药品监督管理局（FDA）从 1987 年开始实施农药监控计划（Pesticide Monitoring Program，PMP），经过 20 多年不断地积累和努力，已经形成了相对完善的监管机制和监控制度。

美国农药残留限量（MRLs）的制定由 EPA 负责。为了确保食品安全，维护消费者利益，美国制定了详细、复杂的 MRLs，共涉及 380 种农药约 11000 项，大部分为在全美登记的农药并根据联邦法规法典制定的 MRLs，其余为农药在各地区登记中制定的 MRLs，有时限或临时的 MRLs、进口 MRLs 和间接残留的 MRLs 等，还列出了豁免物质或不需要 MRLs 的清单，提出"零残留"的概念。美国是世界上农药管理制度最完善、程序最复杂的国家，建立了一整套较为完善的农药残留标准及管理、检验、监测和信息发布机制。

PMP 由 FDA 下属的食品安全和应用营养中心（Center for Food Safety and Applied Nutrition，CFSAN）、兽药中心（Center for Veterinary Medicine，

CVM）和法规管理监管事务办公室（Office of Regulatory Affairs，ORA）共同组织实施。PMP 抽样产品种类和农药品种由 CFSAN 与 FDA 的农药专家和经理共同决定。其中，进口监控食品 / 农产品分为谷物及谷物制品、乳 / 乳制品 / 蛋、鱼 / 甲壳类 / 其他水产品、水果、蔬菜、其他六大类，另外还有动物饲料。每年监控的农药品种有所差别，1998—2008 年分别监测了 354 种、366 种、396 种、394 种、266 种、360 种、403 种、296 种、279 种、461 种和 473 种。根据不同的监控目的，PMP 可细分为管理监控、重点抽样和总膳食研究三种：管理监控通过抽取本土与进口的食品和饲料样品，分析其农药残留，检查是否符合 EPA 设置的最大残留限量，并据此采取相应的执法行动，如对残留监测不合格产品予以扣留或禁止销售等；重点抽样是管理监控的补充，主要用于监控没有涵盖的某种产品（包括进口产品）的农药残留数据或跟踪其可疑问题，通常是短期行动，主要检测某种产品的一类农药（如有机氯和有机磷）或某种特定农药；总膳食研究完全不同于管理监控，抽样对象以食品为主，选择代表美国平均膳食结构的 300 种不同食品，如发现违规农药或农药残留超标将会启动对违规农药残留的调查行动。这三种监控方式互为补充，监管范围覆盖全面、重点突出，国内和进口兼顾，同时也使监管成本得到了有效的控制。

◤ 欧盟农药管理

欧盟是全球主要的农药研发、生产基地，也是重要的农药市场，农药管理的历史悠久、法规健全，通过在其辖区内实施统一的农药管理模式实现农药登记的一致性，是世界农药管理工作起步最早和管理最为严格的地区。欧盟各成员国通过本国农药管理机构在欧盟相关法规的支持下，实现对本国农药的全面管理。

一、欧盟农药管理的法律框架发展历程

欧盟的农药登记制度是欧盟成员国共同统一的标准，欧盟与农药登记相关的基本法规有 Directive 91/414/EEC: 关于植物保护产品投放市场的指令（Concerning the placing of plant protection products on the market）。该指令于 1991 年颁布，规定了农药产品市场准入的规则，自 1993 年 7 月开始实施，后经过上百次的修订已变得极其繁杂。为了满足科学技术发展的新要求，依据实施 91/414/EEC 指令的实际情况，2009 年 10 月欧盟颁布 Regulation1107/2009/EC：关于植物保护产品的法令（concerning the placing of plant protection products on the market and repealing Council Directives 79/117/EEC and 91/414/EEC），自 2011 年 6 月开始实施。该法令规定了欧盟农药的有效成分、制剂登记以及安全剂、增效剂、其他助剂管理方面总的资料要求、评审和批准程序等，同时取代 91/414/EEC 指令和关于禁止生产、销售含有特定有效成分农药的 79/117/EEC 法令。为了进一步细化并明确农药的有效成分、制剂登记要求及标签要求，实现 1107/2009/EC 法令与 91/414/EEC 指令的有效衔接，2011 年欧盟相继发布了四部法令，分别是 544/2011/EU、545/2011/EU、546/2011/

EU、547/2011/EU 法令。为了将有关登记试验的各种方法从登记要求中分离出来，以及考虑到科学技术发展的新要求，欧盟于 2013 年 3 月颁布了 283/2013/EU 和 284/2013/EU 两个法令，分别取代 544/2011/EU、545/2011/EU 法令。

二、欧盟农药登记和再登记制度

欧盟农药管理分工明确并充分发挥了各成员国的作用：欧盟负责有效成分评价和最大残留限量的建立，各成员国负责制剂评价和使用管理。也就是说，农药在欧盟各国使用前，首先由欧盟对有效成分进行评审，以确定是否可以登记；随后，向各使用国提出农药制剂登记申请，经评审符合要求后取得登记。对于有效成分的安全性评价只需向欧盟一次申请获准后，在其他成员国均可接受。只有在取得有效成分登记后，对于实际使用的农药制剂，方可向各个希望使用的成员国递交产品的安全资料，接受安全性评价。以上即为欧盟对农药安全性评价的体制。

1107/2009/EC 法令中引入了比较评估和产品替代机制，即当存在更安全的替代品时，包含特定有效成分的农药产品登记申请就可能被驳回，这一机制对优化农药产品结构、提高农药产品安全水平、保障人类健康和环境安全具有积极作用。

除农药登记制度外，欧盟还建立了农药再登记制度，逐步淘汰高毒、高风险的农药品种。根据 91/414/EEC 指令，欧盟历时 19 年对 1993 年 7 月以前市场上已经登记使用的农药产品分四批进行重新评估，至 2009 年 3 月评估结束，仅有 250 个有效成分重新获得了登记，占评估量的 26%。

三、欧盟农药残留管理制度

欧盟的法规要求在科学分析与验证的基础上建立农药最大残留限量，依据良好农业规范制订植物和动物产品最高残留量水平。农药最大残留量设定的申请者，可以是植物保护产品登记的申请者，也可以是生产商、进口商、成员国官方或者相关的公民组织。欧洲议会和理事会于 2005 年 2 月颁布了 396/2005/EC 法令，对植物源及动物源食品和饲料中农药的最大残留限量（MRLs）进行了统一调整，针对获得登记的农药有效成分建立了良好的管理规范和技术要求，解决了原有的农药残留限量管理法规过于分散的问题。随后，欧盟对相关法令进行了多次修订，形成了针对农药残留限量制订的系列法规文件：①建立部分水果和蔬菜 MRLs 的理事会指令 76/895/EEC；②建立谷类及谷类食品 MRLs 的理事会指令 86/362/EEC；③建立部分动物源性产品 MRLs 的理事会指令 86/863/EEC；④建立包括水果和蔬菜在内的植物源性产品 MRLs 的理事会指令 90/642/EEC。

四、德国农药管理概况

德国的农药管理情况反映了欧盟各国的农药管理状况。

除遵守欧盟关于农药管理的法规外，德国在 1968 年就颁布实施了《植物保护法》，随后根据欧盟法规的修订进行了多次修改，并于 2012 年根据 1107/2009/EC 法令进行了全面修改。另外，为了规定本国农药产品的登记许可程序，2013 年依据 1107/2009/EC 法令制定了《植物保护产品法》。

德国关于农药管理国家层面的法律法规包括《植物保护法》《植物保护使用条例》《植物保护产品法令》《植物保护药械法令》《植物保护产品飞机喷雾法令》《植物保护治理专家资格规定》《植物保护产品费用规定》

《蜜蜂保护规定》《植物保护专业细则》等，其中《植物保护法》是德国农药管理工作的基础性法律，规定了农药使用、施药器械、市场监测和监管、权力机构和责任、产品许可程序和费用、使用限制、飞机喷雾等方面的要求和程序。

德国农药管理机构设置特殊，目前共有四个部门共同承担农药管理工作，分别是联邦消费者保护和食品安全办公室（BVL）、联邦风险评价研究院（BFR）、联邦农林生物研究中心（JKI）、联邦环境保护局（UBA），前三个部门隶属于联邦农业、食品和消费者保护部，第四个部门隶属于联邦环境部。这四个部门只负责植物保护产品（农用农药）的管理，卫生用产品由联邦职业安全健康研究院负责，隶属于联邦劳动和社会事业部。

澳大利亚农药管理

澳大利亚作为世界上主要的农产品生产国、出口国，农业生产中，尤其是种植业产品生产中，农药的管理与使用一直备受各界关注。澳大利亚的农药管理体系分工明确、职责清晰。联邦层级上，农渔林业部负责制定农药管理政策和开展全国残留调查监测（包括农药、兽药、重金属、真菌毒素和微生物），农兽药管理局负责农药销售前的登记管理，澳大利亚卫生和老龄部下属的澳大利亚和新西兰食品标准委员会负责制定食品法典，包含农药残留限量标准；州层级上，州级行业主管部门承担农药经营和使用监管，因澳大利亚为联邦制国家，各州之间因管理重点不同，相关部门的职责分工略有不同。

一、澳大利亚农药管理的法律框架

澳大利亚农药管理法律制度较为完善，联邦、州以及地方政府严格依据法律赋予的权责各司其职。澳大利亚的法律分为联邦法律和州法律。联邦法律是由联邦议会通过议案产生的。每个州的议会制定涉及本州事务的各项法律，与联邦法律相对应，只在本州有效。联邦法律主要针对联邦政府履行职责做出规定，州一级主要是对州政府在履行农药经营和使用管理职责方面做出规定。

联邦法律主要包括农药登记管理、农药税收管理和农药残留管理三个方面。农药登记管理方面有《农用和兽用化学品法典法》（1994年）、《农用和兽用化学品法案》（1994年）、《农用和兽用化学品（实施）法案》（1992年）；农药税收管理方面有《农用和兽用化学产品合理税收（海关）法案》（1994年）、《农用和兽用化学产品合理税收（国内货物税）法案》

（1994 年）、《农用和兽用化学产品合理税收（一般）法案》（1994 年）；农药残留管理方面有《全国残留调查管理法》（1992 年）。

州级农药管理法律法规主要是针对农药经营、使用、仓储和运输、职业健康以及病虫防控商业服务等内容而建立的。以南澳大利亚州为例，农药经营方面的法律有《管制药品法案》（1984 年）、《管制有毒药品条例》（1996 年）；农兽药使用方面有《农兽药产品使用管理法案》（2002 年）、《农兽药产品使用管理条例》（2004 年）；仓储和运输方面有《危险物品法案》（1979 年）、《危险物品条例》（2002 年）；职业健康方面有《职业健康、安全和福利法案》（1986 年）、《职业健康、安全和福利条例》（1995 年）；病虫防控商业服务方面有《管制药品（农药）条例》（2003 年）。

二、澳大利亚农药管理的主要机构

澳大利亚农渔林业部是澳大利亚联邦政府内阁的组成部门。在农药管理方面，农渔林业部对外一是参与经济合作与发展组织（OECD）农药工作组的工作；二是参加联合国粮食及农业组织／世界卫生组织（FAO/WHO）农药管理联席会议；三是履行国际公约（鹿特丹和斯德哥尔摩公约）；四是履行国际农药供销与使用行为守则。对内一是监管农药管理体系运行；二是处理农药管理和政策方面出现的问题；三是对农药管理框架进行改革；四是实施国家残留调查监测项目（包含农药残留）。

农兽药管理局是一个负责农药和兽药管理的独立机构，直接对农业部长负责，成立于 1993 年。其职责覆盖从登记到销售前的各个环节，主要有以下几个方面：一是负责农兽药产品的登记和使用许可审批；二是负责农兽药产品的再评价；三是负责农兽药产品的进口许可颁发；四是与澳大利亚和新西兰法典委员会共同制定食品中农药的最大残留限量。

州级农药监管部门主要是初级产业部和环境保护局，不同州之间略有差别。以南澳大利亚州为例，州初级产业和资源部主要负责农药使用的监管工作，包括农民的农药培训及违规储备和使用农药调查；州环境保护局负责农药经营许可发放和农药环境污染事件的调查处理。而在新南威尔士州，州初级产业部负责农业生产技术的推广，而由州环境保护局承担农药使用监管以及农药环境污染事件的调查处理。

三、澳大利亚农药登记管理制度

除经农兽药管理局认可的不需要登记的生物和自然产品外，在澳大利亚销售使用的农药产品都必须登记，目前登记使用的农药产品有5000多个，登记的类别包括除草剂、杀虫剂、杀菌剂、杀鼠剂和野生动物毒药、水池化学用品、卫生处理剂和工业消毒剂、生物产品（包括植物提取物）、转基因生物（仅指作农药用途的）等。农药产品的登记需要经过严格的安全性评估，只有符合以下条件方可获得登记：一是农药本身或者其残留物不能对人有毒副作用；二是不能对非靶标动植物或者环境有负面影响；三是不得损害贸易；四是必须有效。产品的评估主要从以下几个方面来进行：环境行为和毒理、健康毒理和职业安全、理化特性和制剂稳定性、食品残留和产品的有效性，以及澳大利亚特有的对贸易影响的评估。每一项评估都遵循国际准则的相关规范，如 FAO、WHO 和 OECD 准则。对新产品而言，从提出登记申请到获得登记超过 15 个月的时间，对于相同产品而言，最快仅需要 3 个月。

登记过程中，除农兽药管理局外，许多外部机构也参与评估，如化学品安全和环境健康办公室，可持续发展、环境、水资源、人口和社区部等。

在评估阶段，针对不同的审查内容，农兽药管理局会将资料提交给外部机构进行专业评估，经过专业评估后进行风险分级，风险等级决定产品可获得性的难易程度，由化学品安全和环境健康办公室向化学品分级委员会提出建议，化学品分级委员会最终做出决定，分级管理的依据是《药物用品管理法案》（1989 年）。基于评估结论制定标签，标签内容包含使用环境、如何使用、使用时间、使用频次、安全间隔期、施药场所再进入时间间隔、处置和运输、安全操作、急救措施、风险分级和贸易建议。在评估过程中须公开征求意见，即在农兽药管理局网站上公开发布产品摘要和贸易建议，必要时提供技术评估报告，最后再做出是退回申请，还是拒绝登记或者准予登记的决定。

四、澳大利亚国家残留监控计划（NRS）

为保障种植业产品的质量安全，澳大利亚建立了农药残留管理框架，实现对种植业产品农药残留的全程监管，以确保农产品的质量安全。

澳大利亚和新西兰食品法典委员会设定食品中的农药残留限量标准作为法定的监督检测标准，只有符合标准的产品才能获得市场准入。

出于对出口肉类中农药残留的考虑，澳大利亚政府在 20 世纪 60 年代初开展了国家残留监控计划（national residue survey, NRS），此后 NRS 扩展到对其他动物、粮食、园艺产品及水产品中农药和兽药残留以及其他污染物检测方面，并逐步形成了以联邦政府、州政府、民间协会和市场四位一体、互为补充的监控体系。NRS 作为澳大利亚食品农产品风险管理系统的重要组成部分，一方面可以帮助识别农兽药使用中潜在的问题，另一方面也为建立良好的农业规范和强化出口农产品的质量管理打下了基础。NRS 始于 1961 年，依托《国家残留监测管理法》（1992 年），由澳大利亚农业部主导，农兽药管理局、州和地方食品监管部门以及行业协会、监测机构密切配合。

NRS 残留监控的目的是使用基于采样和统计概论研发的系统，对产品中的残留物进行估计；确认产品中的残留量低于设定限值；提醒政府主管部门和行业，当超出限量时应采取纠正行动。对澳大利亚政府而言，NRS 是农业部尽量减少农产品化学残留物的总体战略中的一部分。监控可以识别潜在的问题，包括化学品的不当使用，可以指明需要由国家或地区监管机构采取的后续行动。

NRS 监控项目包括使用农药和兽药、重金属（如汞、镉、铅等）、自然产生的化学物质、霉菌毒素（某些真菌产生的毒素）和微生物产生的残留物。具体包括用于控制动物细菌性疾病的抗生素、驱虫药、植物杀真菌剂、植物杀虫剂、除草剂、熏蒸剂和促生长激素等。选择对哪种商品的哪些化学物质进行监控，是基于下列风险状况而考虑的：澳大利亚残留标准和贸易伙伴的市场准入要求；产品中残留发生的可能性（可能被滥用，作物、动物或环境中的持久性、使用范围、使用模式）、历年监控结果和范围；现有的、适当的采样和分析方法；国际和国内消费观念中认为食品中可能危害公众健康的化合物。

日本农药管理

一、日本农药管理的法规

日本最主要的农药行政管理法是 1948 年颁布的《农药取缔法》，至 2014 年共进行了 21 次大小修订。现行《农药取缔法》共二十一条，内容涵盖了农药登记、生产及进口，销售及使用，监督、检查、取缔等涉及农药管理的各个环节。为配合《农药取缔法》的具体实施，还出台了《农药取缔法施行令》和《农药取缔法施行规则》。此外，考虑到保护人畜安全、食品安全、环境保护等方面的要求，与《农药取缔法》相关联，涉及农药管理的法规还有《植物防疫法》《（剧）毒物取缔法》《食品安全基本法》《食品卫生法》《环境基本法》《水质污染防治法》《水道法》《消防法》等。

二、日本农药登记的管理机构

在 1948 年出台《农药取缔法》之前，日本已于 1947 年先行在农林水产省设立了"农药检查所"，具体承担农药管理工作。2007 年，农药检查所、农林水产消费技术中心、肥饲料检查所三者合并成立独立行政法人的农林水产消费安全技术中心（FAMIC）。

目前，农林水产消费安全技术中心的农药检查部是日本具体承担农药管理工作的机构，内设业务检查课（类似于我国的处级部门）、检查调整课、毒性检查课、农药环境检查课、化学课、生物课、农药残留检查课、有用生物安全检查课、检查技术研究课等业务课室。主要工作职能为农药登记检查，具体包括：

（1）登记申请书、各种试验资料的审查；

（2）农药样品的检验；

（3）对准许登记的农药设定使用范围（适用作物名、适用病虫害名等）、使用方法（收获前多少日使用、总使用次数等）以及使用注意事项；

（4）颁发登记证，围绕农药登记评审还开展 GLP 实验室认证检查工作，检测技术的研究，农药国际协调对策研究，培训与指导，国际技术合作，农药生产，销售和使用的现场检查等业务。

日本各都道府县（类似于我国的省、地区、县、乡等行政级别）的农药管理机构虽不承担农药登记检查工作，但承担农药登记后的安全管理工作，如承担农药销售的申报备案，农药生产、销售和使用的现场检查，培训与指导工作等。除了农林水产省及各都道府县农业主管部门，参与日本农药管理的行政机构还有日本厚生劳动省（类似于我国的国家卫生健康委员会）、环境省等及其各都道府县下属部门，各部门各司其职、互相配合，以确保农药登记、生产、销售、使用等各环节的安全性。除了政府组织，日本的各类社团组织如日本植物防疫协会、绿色安全推进协会、全国农业协同组合联合会等也会组织各类面向广大农药使用者的植物防疫、绿地高尔夫球场及农耕地安全用药、病虫害防治等专业知识的培训，积极参与农药科学合理使用的宣传和指导工作。

三、日本农药登记制度

按照《农药取缔法》，农药在销售和使用前，农药生产者应到日本农林水产省的农药检查部申请登记，FAMIC 负责审查农药试验资料，后报农林水产省消费安全局审核，并会同厚生劳动省和环境省的意见，审核同意后由农林水产省颁发登记证，经 FAMIC 告知并交付农药登记申请者。日本农药登记要求提供的资料主要包括药效和药害资料、产品化学资料、毒理学资料、对水生和其他有益生物影响的资料、环境归趋、残留资料等。

在日本，一个产品从开发到登记一般历时 10 年以上。

对农药登记产品的保护制度。2000 年 11 月 24 日之前，日本实行登记资料永久保护制度。2000 年 11 月 24 日，农林水产省发布公告，实行相同产品登记制度。2001 年 6 月 26 日再次修订后规定，首家登记申请者的登记资料至少被保护 15 年，15 年之内申请相同产品登记的可以争取首家登记者的授权使用其登记资料，但首家登记者有权拒绝出具授权书。15 年之后，同产品登记申请者可参考首家登记的部分资料，如急性经口、经皮和吸入毒性资料，在动物、植物、土壤、水中代谢资料和残留资料。其他关于原药和制剂的急性毒性、亚慢性、慢性、致癌、致突变和致畸性等毒理学资料和环境毒理资料等都需要申请者自行提供研究报告。

四、日本农药残留肯定列表制度

日本农药的 MRLs 标准由厚生劳动省负责组织制定，由于农药、兽药等化学品残留引起的食品安全问题突出，日本于 2003 年 5 月修订了《食品卫生法》，并于 2006 年 5 月 29 日正式实施肯定列表制度，执行新的食品和农产品中农业化学品残留限量标准。肯定列表制度涉及农药、兽药和添加剂等 791 种农用化学品，是当时世界上制定残留限量标准最多、涵盖农药和食品品种最全的管理制度。该制度几乎对所有食品和用于食用的农产品中的农业化学品制定了残留限量标准，包括"临时标准"、"一律标准"、"沿用现行限量标准"、"豁免物质"以及"不得检出"五个类型，共有限量标准 57000 多项，其中农药和农药 MRLs 的数量分别为 579 种和 51600 多项，分别占总数的 70% 和 90% 以上。值得注意的是，对于日本国内不用的农药品种，其残留限量明显严于日本国内使用的农药品种，大多以不得检出（0.01 ～ 0.05 毫克／千克）为限量。

五、日本农药登记后的安全管理

1. 农药销售申报制

根据《农药取缔法》第八条规定，农药销售者在销售农药前必须向所在都、道、府、县的农药管理机构申报备案，方可销售农药。日本农药销售店所雇用的销售人员一般都通过了相应培训并经考核合格具有"农药管理指导士"资格。日本对农药销售实行分类管理，在销售农药时依据毒性级别将普通农药、中毒农药和高毒农药分类销售，如对于高毒农药的销售，根据《（剧）毒物取缔法》的相关规定，装高毒农药的容器或包装外要有明显的警告标识，高毒农药不得卖给未满18岁人员，购买高毒农药时要出示身份证件，登记姓名、职业、住址、购买日期、所购农药的名称和数量等，经销售人员确认后才可购买。

2. "农药管理指导士"认定制

为推进农药的正确科学使用，切实保证对农药使用者及环境的安全，各都、道、府、县对农药销售者和使用者等实施"农药管理指导士"（类似于我国基层农技推广员）认定制度，至2008年1月日本已认定"农药管理指导士"42000人以上。这些"农药管理指导士"在日常农药经营、使用等方面发挥着重要的指导、实践和示范作用，如在销售时给出正确建议，指导农药使用者正确选择农药，使用登记农药，按照农药标签说明，遵守农药使用标准（稀释倍数、使用次数、使用时期等），以保证不污染环境、生产出的农作物残留不超标。

3. 入户现场检查制

为确保登记后农药的品质稳定和安全，防止无登记农药、伪劣农药的出现，日本农林水产省或都道府县的农药管理人员对农药生产、销售、使用者实施必要的入户现场检查，除检查相关记录账簿外，还要抽取农药样品进行品质和标签检查。如日本每年在全国范围内选定 4000 个农户（蔬菜、果树、茶、米等），由相应地方农政事务所职员对其农药使用状况开展点检，并对其中约 2000 个农户的农产品进行残留抽样分析。农产品进入流通领域后，由政府指定的卫生部门负责实施食品添加物、农药残留和食物中毒菌等项目的抽样检查，禁止销售超标食品，以确保食品安全。2006 年 5 月，日本正式实施《食品残留农业化学品肯定列表制度》，包括农产品、畜产品、水产品等在内的食品农药残留标准更趋严格。

第九章　中国农药管理

一、中国农药管理的法律框架发展历程

我国的农药管理工作开始于 20 世纪 50 年代，从 1982 年开始实行农药的登记管理。1997 年 5 月 8 日，国务院发布并实施《中华人民共和国农药管理条例》，这是我国第一部农药管理法规。1999 年 7 月农业部发布了《农药管理条例实施办法》，对农药登记的主管部门、登记试验、登记资料要求、登记评审、登记证有效期、登记管理工作等做了进一步的规定，并于 2001 年 4 月 12 日发布了《农药登记资料要求》，对各类农药在不同登记阶段所需要的资料进行了详细规定。20 年后，新修订的《农药管理条例》于 2017 年 6 月 1 日正式实施，将工业和信息化部、国家质量监督检验检疫总局承担的农药生产企业定点核准、生产批准证书、生产许可的职能划归农业部门，农药登记、生产许可、经营许可及市场监管统一由农业部门负责。

《农药管理条例》和《农药管理条例实施办法》是我国农药管理法规体系的核心。在这两部基本法规的框架下，原农业部及相关部门又针对农药的登记、生产、使用等环节分别制定了部门规章。

二、中国农药登记管理机构

农药管理技术性高、政策性强、难度大。为了保障农药产品质量、防止农药污染，在农药管理法制的起步阶段，我国农药管理主要包括两方面的工作：登记与质量监督。20 世纪 80 年代，我国建立了以农药登记评审委员会

为中心的农药登记管理体系和以农业部农药检定所为中心的农药质量监督体系。

农药登记评审委员会根据1982年实施的《农药登记办法》成立，由农业部领导，农业、环保、林业、化工、商业、卫生等部门委派的36位农药管理和技术专家组成，职责是对申请登记的农药品种进行评价，并对我国农药管理的政策、方针提出建议，如针对农药登记评审中遇到的环境问题提出了建议修改"农药环境生态安全评价方法"，增设药效残留评价组、环境评价组、卫生毒理评价组、生产流通评价组四个专业评审组，以降低登记农药对环境可能造成的危害等建议。20年后新修订的《农药管理条例》规定由农业部组织成立农药登记评审委员会，负责农药登记评审，并明确了登记评审委员会的人员组成应包括农药产品化学、药效、毒理、残留、环境、质量标准和检测、食品安全风险评估等方面的专家，以及有关部门与单位的代表，以强化质量、药效、环境与健康安全及储存与运输安全管理。

农药管理以农药登记为重中之重，然而其后的监督管理工作也同样不容小觑。1978年，根据国务院《关于加强农药管理工作的报告》精神，农业部农药检定所得以恢复并作为当时承担农药质量监督检测工作的主管部门；此外，各省、直辖市、自治区也成立了农药检定所，其职责主要为监管农药质量、管理农药标签，以防止环境污染、药害事故的发生，以及协同完成农药管理的各项工作。2017年10月10日，经中央机构编制委员会办公室批准，农业部成立农药管理局，职能任务主要是八个方面：一是拟定农药产业发展战略、规划，提出相关政策建议并组织实施；二是起草有关农药方面的法律、法规、规章和标准，并监督执行；三是指导农药管理体系建设，负责农药生产、经营及质量的监督管理，指导地方农业部门核发农药生产、经营等许可证；四是负责农药登记、农药登记试验单位认定、新农药登记试验审批等工作；五是收集分析农药产业信息，承担农药行业统计，指导农药市场调控；六是组织开展农药使用风险监测与评价，发布预警信息，指导农药科学合理使用和农药药害事故鉴定；七是组织拟定食用农产品中农药残留限量及检测方法的国家标准；八是开展农药国际交流与合作，承担《斯德哥尔摩公约》《鹿特丹公约》等与农药相关的国际公约的履约工作。农药管理局的成立使我国农药行业的管理更加规范，农药监管也更加严格。

三、中国农药登记管理制度

2001 年农业部颁布的《农药登记资料要求》，对各类农药申请登记时所需提交的资料做出了详细说明，对规范我国农药登记工作起到了重要作用。2007 年农业部修订颁布的《农药登记资料规定》，对农药登记资料做出了严格的规定。

根据《农药管理条例》和《农药管理条例实施办法》的规定，我国国内首次生产的农药和首次进口的农药需按要求提交登记资料，申请登记。农药登记资料包括产地、产品化学、毒理学、药效、残留、环境影响、境外登记情况等。其中，毒理学资料包括急性毒性试验（如经口毒性试验、急性经皮毒性试验、急性吸入毒性试验、眼睛刺激性试验、皮肤刺激性试验、皮肤致敏性试验）、亚慢（急）性毒性试验（如 90 天大鼠喂养试验，必要时需进行 28 天经皮或 28 天吸入毒性试验）、致突变性试验（如鼠伤寒沙门氏菌／回复突变试验、体外哺乳动物细胞基因突变试验、体外哺乳动物细胞染色体畸变试验、体内哺乳动物骨髓细胞微核试验），必要时需提供 6 个月至 2 年的慢性和致癌性试验。对有机磷类农药或化学结构与迟发性神经毒性阳性物质结构相似的农药，还需提交迟发性神经毒性试验报告。环境影响资料包括环境行为试验，如挥发性试验、土壤吸附试验、淋溶试验、土壤降解试验、水解试验、水中光解试验、土壤表面光解试验、水 – 沉积物降解试验、环境毒性试验，如鸟类急性经口毒性试验、鸟类短期饲喂毒性试验、鱼类急性毒性试验、水蚤急性毒性试验、藻类急性毒性试验、蜜蜂急性经口毒性试验、蜜蜂急性接触毒性试验、家蚕急性毒性试验、天

禁止生产、销售和使用的农药名单

六六六、滴滴涕、毒杀芬、二溴氯丙烷、杀虫脒、二溴乙烷、除草醚、艾氏剂、狄氏剂、汞制剂、砷类、铅类、敌枯双、氟乙酰胺、甘氟、毒鼠强、氟乙酸钠、毒鼠硅（20 世纪 80 年代以来禁用），甲胺磷、甲基对硫磷、对硫磷、久效磷、磷胺（2003 年 12 月 30 日，第 322 号公告），苯线磷、地虫硫磷、甲基硫环磷、磷化钙、磷化镁、磷化锌、硫线磷、蝇毒磷、治螟磷、特丁硫磷（2011 年 6 月 15 日，第 1586 号公告）。

限制使用农药名单

禁止甲拌磷、甲基异柳磷、特丁硫磷、甲基硫环磷、治螟磷、内吸磷、克百威、涕灭威、灭线磷、硫环磷、蝇毒磷、地虫硫磷、氯唑磷和苯线磷在蔬菜、果树、茶叶、中草药材上使用；禁止氧乐果在甘蓝上使用；禁止三氯杀螨醇和氰戊菊酯在茶树上使用；禁止丁酰肼（比久）在花生上使用；禁止特丁硫磷在甘蔗上使用；除作卫生用和玉米等部分旱田种子包衣剂外，在我国境内停止销售和使用用于其他方面的含氟虫腈成分的农药制剂；禁止氧乐果、水胺硫磷在柑橘树上使用；禁止灭多威在柑橘树、苹果树、茶树、十字花科蔬菜上使用；禁止硫线磷在柑橘树、黄瓜上使用；禁止硫丹在苹果树、茶树上使用；禁止溴甲烷在草莓、黄瓜上使用。

敌赤眼蜂急性毒性试验及非靶标植物影响试验等。毒理学资料与环境影响资料是正确认识或全面评估农药对环境与人体健康危害及其风险的基础数据，也是充分利用农药的有利性、规避其负面影响的重要依据。对那些高毒性、长残留、高风险的农药品种，实施禁止、限用措施是农药管理的重要手段。

四、中国农药残留管理制度

食品中农药最大残留限量作为食品安全国家标准的重要组成部分，既是保障食品质量安全、保护消费者健康的法定技术依据，同时也是各国按照世界贸易组织（WTO）《关于实施卫生与植物卫生措施协定》（SPS协定）保护本国农业产业安全的技术性贸易措施。我国食品中农药最大残留限量国家标准的发展可归纳为三个阶段。

第一阶段：1981—2005年，初期起步阶段。从最开始规定的滴滴涕等在粮食中的几个限量开始，至2005年已规定了食品和农产品中136种农药478个最大残留限量。

第二阶段：2006—2011年，发展汇总整理阶段。2006年我国成为国际食品法典农药残留委员会（CCPR）主席国。2009年《中华人民共和国食品安全法》颁布实施。为建立健全科学、统一的食品安全标准体系，2011年农业部组建了食品安全农药残留国家标准审评委员会，颁布实施了《食品中农药残留风险评估指南》《食品中农药最大残留限量制定指南》《用于农药最大残留限量标准制定的作物分类》等系列技术规范性文件，制定并实施了《2010—2014年农药残留标准制定规划》，并对2009年前颁布的涉及农药残留限量的国家标准、行业标准进行了全面清理。

第三阶段：2012年至今，与国际组织或发达国家对标阶段。2012年全面修订、补充与整合后的《食品中农药最大残留限量》（GB 2763—2012）发布，按照农药残留标准化委员会每两年对该标准更新修订一次的规定，随后更新发布了《食品安全国家标准食品中农药最大残留限量》（GB 2763—2014）和《食品安全国家标准食品中农药最大残留限量》（GB 2763—2016）。我国食品农药残留限量标准中涉及的农药由136种增加到433种，残留限量个数由478个增加到4140个，涉及十三大类农产品。根据国际惯例，我国现行发布的食品中农药残留限量均是根据农药残留田间试验数据、居民膳食消费数据、农药毒理学数据和国内农产品市场监测数据等经过科学的风险评估后制订的。限量标准的不断完善为农产品质量安全监管与保障人体健康安全提供了有力的支撑。

第四篇
对症下药
化学农药大发展

随着农药安全性要求的提高，有机氯农药被大量禁用，人们开始寻找新的农药。有机磷农药因其较快的降解性受到了广泛关注，但其神经毒性大，存在一定的健康风险。氟虫腈因其对甲壳类动物的毒性巨大而遭到了禁用，百草枯因对人体的毒性高、缺乏有效的急救措施而禁用。随后，氨基甲酸酯、三嗪类等化学农药你方唱罢我登场，发展中蕴含了商机，也潜藏着危机。

第十章 有机磷农药

　　有机磷农药比有机氯农药容易降解，对环境的污染及对生态系统的长期危害和残留也都没有有机氯农药那么普遍和突出。它具有药效高，品种多，防治范围广，成本低，选择作用强，在环境中降解快、残毒低等优点，现仍在世界范围内被广泛应用，有着极为重要的地位，在全球杀虫剂市场中占据 15.3% 的市场份额。但是其缺点是有些品种对人、畜毒性较高，常因使用、保管等不慎而发生中毒。

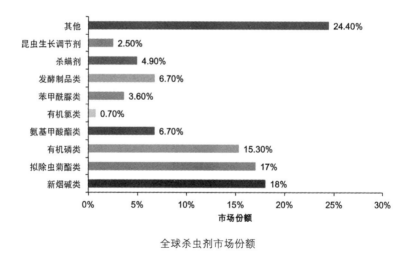

全球杀虫剂市场份额

　　中国生产的有机磷农药绝大多数为杀虫剂，如常用的或曾经常用的甲胺磷、对硫磷、内吸磷、马拉硫磷、乐果、敌百虫及敌敌畏等，近几年来又先后合成了杀菌剂、杀鼠剂等有机磷农药。有机磷农药按化学结构可分为磷酸酯、磷酸酯和磷酰胺及其相应的硫代衍生物，如敌敌畏属磷酸酯类，乐果属二硫代磷酸酯类，敌百虫属膦酸酯类。有机磷类农药对人的危害作用从剧毒到低毒不等，主要为抑制乙酰胆碱酯酶而使乙酰胆碱积聚，引起毒蕈碱样症状、烟碱样症状以及中枢神经系统症状，严重时可因肺水肿、脑水肿、呼吸麻痹而死亡。重度急性中毒者还会发生迟发性猝死，某些种类的有机磷中毒可在中毒后 8 ～ 14 天发生迟发性神经病。

由于一些有机磷农药具有高毒性，不合理使用易造成农产品污染，危害人畜安全，农业部、国家发展和改革委员会、国家工商行政管理总局、国家质量监督检验检疫总局于 2006 年 4 月 4 日联合发布第 632 号公告：为保障农产品质量安全，中国决定自 2007 年 1 月 1 日起，全面禁止在国内销售和使用甲胺磷、对硫磷、甲基对硫磷、久效磷和磷胺五种高毒有机磷农药。撤销所有含甲胺磷等五种高毒有机磷农药产品的登记证和生产许可证（生产批准证书）。自 2007 年 1 月 1 日起，对非法生产、销售和使用甲胺磷等五种高毒有机磷农药的，要按照生产、销售和使用国家明令禁止农药的违法行为依法进行查处。

◤ 甲胺磷

一、甲胺磷的发明

甲胺磷（Methamidophos）是目前国内外广泛使用的一种高效广谱性有机磷杀虫剂，化学名称为 *O,S-* 二甲基氨基硫代磷酸酯，于 1971 年由德国拜耳公司研发上市，曾成为我国计划生产量 1 万吨以上的三个有机磷农药之一（另外两个为敌敌畏和乐果）。

甲胺磷为白色针状结晶，熔点为 445℃，蒸汽压为 0.4Pa（30℃），易溶于水、醇，较易溶于氯仿、苯、醚，在甲苯、二甲苯中的溶解度不超过 10%，在弱酸、弱碱介质中水解不快，在强碱性溶液中易水解，在 100℃以上，随温度升高而加快分解，150℃以上全部分解。

二、甲胺磷的生产使用情况

我国于 1972 年禁产、1973 年禁用有机汞农药，这是一类药效好、使用方法简单、成本低但毒性大的高效药剂，如赛力散、西力生等产品。1983 年，禁产、禁用六六六、滴滴涕等有机氯农药，主要原因是其残留毒性问题。六六六和滴滴涕的禁用直接导致了 1984 年以后我国甲胺磷等有机磷高毒杀虫剂年产量剧增，使其成为我国用量最大的农药品种之一，每年都在万吨以上， 1989 年用量达到 1.64 万吨，1990 年用量达到 3.5 万吨，居杀虫剂用量之首。其中，使用量较大的省份主要为江苏、浙江、湖北、广东、广西等省（自治区）。

在大量使用甲胺磷防治虫害的同时，也带来了负面影响。甲胺磷虽然不是持久性农药，但由于在我国使用面广、使用次数频繁、使用量大、易于在土壤和水体短时间内积累，又因其具有高毒的特点，因而成为我国水体环境污染优先监测的十大农药品种之一。由于其高毒性，若不合理使用易造成农产品污染，危害人畜安全，在日本等部分国家已禁用。我国自2007年1月1日起，全面禁止在国内销售和使用甲胺磷。

三、甲胺磷的作用原理及药效

甲胺磷是一种高效的有机磷杀虫剂，杀虫范围广，其作用机制是抑制胆碱酯酶，对害虫具有触杀、胃毒和一定的熏蒸作用，并有一定内吸传导作用，对蚜虫、螨类、稻叶蝉、稻飞虱的防治效果优于对硫磷、马拉松，还可用于防治棉蚜、棉铃虫、棉红蜘蛛、棉蓟马、稻飞虱、稻螟、花生蚜虫、大豆螟虫、玉米螟、二化螟、甜菜蚜虫、果树蚜虫和红蜘蛛及小麦蚜虫。使用种子量的1/500药量拌种，可以防治地下害虫、地老虎、蛴螬、蝼蛄。

四、甲胺磷的环境问题

甲胺磷在环境中有一定的挥发性，在平均温度20℃、年降水量1500毫米的条件下，每年从每亩土壤表面的蒸发量约为0.02千克。由于甲胺磷有很强的内吸性，所以在植物表面大部分作为残留物被吸收，并通过生物链转移，很少部分通过蒸发途径向大气扩散。在土壤中残留的甲胺磷，部分以水为介质迁移，大部分在空气、阳光和微生物的作用下通过水解或氧化反应分解成最终代谢物被土壤吸收。因为甲胺磷在水中的溶解度比较大，所以其迁移的主要途径是通过水的循环来进行的。农药生产废水可以直接通过排污进入水体，农田施药过程中相当一部分经地表径流进入水体或漂移进入水体，少量农药还可以因淋溶作用进入地下水。甲胺磷对水生生物中鱼类和藻类的毒性较低，对大型溞的毒性高，但蓄积性不强，所以食物链传递放大危害问题并不严重。

五、甲胺磷的健康危害

甲胺磷是高毒的有机磷农药，大鼠急性经口 LD_{50} 为 30 毫克／千克。短期内接触（口服、吸入、皮肤、黏膜）大量甲胺磷可引起急性中毒，表现为头痛、头晕、食欲减退、恶心、呕吐、腹痛、腹泻、流涎、瞳孔缩小、呼吸道分泌物增多、多汗、肌束震颤等，重者出现肺水肿、脑水肿、昏迷、呼吸麻痹等。部分病例可有心、肝、肾损害。少数严重病例在意识恢复后数周或数月后发生周围神经病。个别严重病例可发生迟发性猝死。另有报道，甲胺磷可抑制淋巴细胞／神经性靶标酯酶，有机磷酸酯导致迟发性神经毒性。对 104 例经口甲胺磷急性中毒住院患者痊愈出院后的家访调查发现，确诊迟发神经病变患者 14 例，都有典型病程、行走困难及轻度肌瘫，中毒患者中的发病率为 13.5%，一般经半年至两年疗养后恢复良好。该病的发生与急性中毒程度有关。短期内接触（口服、吸入、皮肤、黏膜）大量有机磷农药后一般发病较快。经皮肤吸收，潜伏期较长，在 12 小时内发病，症状表现为食欲减退、恶心、呕吐、腹痛、流涎、多汗、视物模糊、瞳孔缩小、呼吸道分泌物增加、支气管痉挛、呼吸困难、肺水肿；烟碱样症状表现为肌束震颤、肌痉挛、肌麻痹；中枢神经系统症状表现为头痛、头晕、失眠或嗜睡、乏力、烦躁、谵妄、抽搐、昏迷、脑水肿。口服中毒时病情较重，胃肠道症状更明显，部分病例可有心肌、肝和肾损害。少数严重病例在意识恢复后数周或数月后发生周围神经病。个别严重病例可发生迟发性猝死，血胆碱酯酶活性降低。

鉴于甲胺磷的高毒性，不合理使用易导致甲胺磷中毒。近年来，报道了多起甲胺磷中毒事件，多为食用甲胺磷残留较高的韭菜所导致的。为什么韭菜容易出现甲胺磷残留问题呢？这主要是与韭菜生长过程中所生的虫害——韭蛆有关。韭蛆，是韭菜迟眼蕈蚊的俗称，主要以幼虫聚集在韭菜地下部的鳞茎和柔嫩茎部。韭菜受害后地上叶片瘦弱、枯黄、萎蔫断叶、腐烂或成片死亡。因为韭蛆藏在土壤里，所以必须喷洒大量水溶性、内吸传导性强（往往是高毒性）的农药，更为普遍的做法是用高毒有机磷农药灌地，这样在杀灭虫害的同时，大量有机磷农药被韭菜根部吸收，而通过根部进入韭菜植株的有机磷农药是不容易被清洗掉的。

由于甲胺磷的高毒性，农药喷洒过程中也易引起中毒，如曾有农民在为甘蔗雾化喷洒有机磷农药时，因未穿防护服及佩戴防护口罩，通过呼吸道吸入甲胺磷而导致中毒，出现咳嗽、胸闷、呼吸困难、发绀、两肺布满干湿啰音、多汗、恶心呕吐、瞳孔缩小等症状。

一、毒死蜱的发明

毒死蜱，又名氯吡硫磷、氯蜱硫磷，还称为白蚁清、乐斯本等，白色结晶，具有轻微的硫醇味，是硫代磷酸酯类杀虫剂，非内吸性广谱杀虫、杀螨剂，挥发性较强。毒死蜱是目前市场前景最广、最具潜力的有机磷农药。陶氏化学公司在 1965 年首次在美国登记并获得专利（USP 3244586），其有效成分为 O,O- 二乙基 -O-（3,5,6- 三氯 -2- 吡啶基）硫代磷酸酯。1997 年在我国登记使用。

二、毒死蜱的生产使用情况

自毒死蜱被发明以来的 40 年里，作为一种广谱性杀虫剂，已有大量商业化产品被投入使用，防治多种害虫。毒死蜱是目前全世界生产和销售量最大的杀虫剂品种之一，也是世界卫生组织唯一许可的有机磷品种，现已在中国、美国、澳大利亚、日本等 14 个国家登记和注册。在我国，毒死蜱由于具有高效低毒的特点，因此被认为是取代甲胺磷、对硫磷、甲基对硫磷、久效磷和磷胺这五种高毒有机磷农药的最佳选择。我国从 1993 年开始研制和开发毒死蜱作为高毒农药的替代品种，其后毒死蜱在我国的产销量逐年增加而且使用范围也不断扩大。不止我国大量使用毒死蜱，美国、欧盟也是毒死蜱使用大国。1998 年统计数据表明，欧盟每年使用 50 吨毒死蜱，美国每年使用 5000 吨毒死蜱。2011 年，全球毒死蜱销售量约为 14 万吨，国内毒死蜱的市场需求量约为 1.8 万吨。

毒死蜱的持续和超量使用已经带来了严重的环境污染。由于毒死蜱对儿童的神经毒性，为保护儿童健康，各国对毒死蜱实行了严格的禁限用措施。2000 年 6 月，美国国家环境保护局宣布基于毒死蜱会危害到儿童的健康安全禁止在美国家庭和庭院内使用该杀虫剂，并于 2015 年提议在美国全面禁用毒死蜱。2005 年 12 月，新西兰环保署要求禁止在所有可能导致儿童暴露的地点使用毒死蜱，如学校、托儿所、公园、医院及零售商店等地点。2011 年 5 月，南非农、林、渔业局共同宣布严禁在家居和园艺中使用毒死蜱产品。2013 年，我国农业部第 2032 号公告指出，自公告发布之日起，停止受理毒死蜱在蔬菜上的登记申请，停止批准毒死蜱在蔬菜上的新增登记；自 2014 年 12 月 31 日起，撤销毒死蜱和三唑磷在蔬菜上的登记；自 2016 年 12 月 31 日起，全面禁止毒死蜱在蔬菜上的使用。

三、毒死蜱的作用原理及药效

毒死蜱属于神经毒剂，具有胃毒、触杀、熏蒸三重作用，对水稻、小麦、棉花、果树、蔬菜、茶树上多种咀嚼式和刺吸式口器害虫均具有较好防效。作用机理是抑制乙酰胆碱酯酶的活性，使神经突触部位积聚大量乙酰胆碱，不断激活突触后膜，使神经纤维长期处于兴奋状态，神经正常传导受阻，从而使昆虫中毒致死。其混用相容性好，可与多种杀虫剂混用且增效作用明显（如毒死蜱与三唑磷混用）。与常规农药相比毒性低、杀虫谱广，易与土壤有机质结合，对地下害虫药效好，持效期长达 30 天以上。

无内吸作用，但其缺点是在自然环境中的半衰期较长，为 10 ～ 120 天，容易在农作物和蔬菜中残留，从而对人体造成损害。

毒死蜱常用于玉米、棉花、大豆、花生、甜菜、果树、蔬菜，防治多种土壤和叶面害虫，也用于防治蚊蝇、蟑螂、白蚁等家庭害虫，粮仓害虫和家畜体外寄生虫。用 48% 的毒死蜱乳油兑水稀释后喷雾可以防治美洲斑潜蝇、番茄斑潜蝇、豌豆潜叶蝇、菜潜蝇等幼虫，还可用于防治菜青虫、斜纹夜蛾、灯蛾、瓜绢螟等幼虫及水生蔬菜螟虫，以及葱斑潜蝇落地化蛹幼虫、茄黄斑螟幼虫等。此外，毒死蜱还可用于防治稻纵卷叶螟、稻蓟马、稻瘿蚊、稻飞虱、稻叶蝉、黏虫、蚜虫、棉蚜、大豆食心虫、斜纹夜蛾、柑橘潜叶蛾、红蜘蛛、茶尺蠖、茶细蛾、茶毛虫、丽绿刺蛾、茶叶瘿螨、茶橙瘿螨、茶短须螨、甘蔗棉蚜等。用 48% 毒死蜱乳油兑水稀释后灌根可以防治韭蛆、大蒜根蛆及蚯蚓。在播种前或定植前沟施、穴施或撒施，可以用于防治蛴螬、地老虎等。

四、毒死蜱的环境危害

持续和超量使用毒死蜱可造成严重的环境污染，毒死蜱也会随着雨水径流进入水体和底泥中，造成土壤、水体等环境污染。毒死蜱在水环境中降解的半衰期为 27 ～ 158 天，在土壤中的半衰期为 10 ～ 120 天，在环境中的残留期较长。在大量使用毒死蜱的一些欧盟国家中已经在地中海沿岸的表面水中检测到 1 微克／升的残留量。毒死蜱是环境中农药残留检出频率最高的品种。

五、毒死蜱的健康危害

毒死蜱对雄性小鼠急性经口 LD_{50} 为 163 毫克／千克、雌性小鼠为

135毫克／千克。按照我国农药毒性分级标准，毒死蜱属中等毒性杀虫剂，但对鱼、虾等水生生物毒性高，其中鱼类 96 小时 $LC_{50}=0.0013$ 毫克／升，水生甲壳类动物 96 小时 $LC_{50}=0.00004$ 毫克／升。

毒死蜱可经呼吸道、皮肤吸收，主要分布于肝脏、肾脏、脾脏等血流量较高的器官，大多数以原形或者代谢物形式经尿排出，少量通过粪便排泄。一般认为，毒死蜱生物蓄积毒性较弱。用放射性核素标记的毒死蜱生物半衰期，在雄性大鼠体内为 8 小时、雌性大鼠为 12 小时。毒死蜱可在人皮肤和体内积累，其平均清除半衰期为 41 小时。人体急性毒死蜱中毒可引起头痛、多汗、恶心、呕吐、头晕眼花、呼吸困难、心率减慢等症状；长期或反复接触毒死蜱可引起麻木、刺痛等中枢神经系统症状，高剂量可导致昏迷死亡。

据美国国家环境保护局报道，2002—2009 年有 126 起关于毒死蜱的急性中毒事件，其中有 17 起是儿童急性中毒。毒死蜱对机体的急性中毒作用机制是对胆碱能系统的毒性作用，其代谢产物的胆碱能抑制作用更强。在毒死蜱中毒后 24 ~ 48 小时，其与胆碱酯酶结合成为不可逆状态，将进一步损害全身各个器官系统，严重者还会诱发心脏期前收缩、传导阻滞、ST-T 异常、Q-T 间期延长甚至室速、室颤等其他致死性的心律失常。

动物实验表明毒死蜱可以引起多种神经递质及其受体和相关酯酶的活性改变，急性神经毒作用包括出汗和唾液分泌增加、支气管收缩、瞳孔缩小、胃肠蠕动增加、腹泻、震颤、肌肉抽搐以及各种中枢神经系统效应。毒死蜱还可对脑发育及认知能力产生影响，在动物实验中，高剂量的毒死蜱暴露能够导致认知能力的降低，而这可能是因为其发挥类胆碱作用的结果。长期低剂量接触毒死蜱能够影响中枢神经系统的高级认知功能。有调查表明，农药污染严重的地区老年痴呆和帕金森等神经退行性疾病的发病率明显升高。对毒死蜱越来越多的研究提示其对发育期的中枢神经系统存在慢性毒性作用。流行病学研究提示，毒死蜱的暴露与儿童注意多动缺陷障碍、记忆力减退、认知障碍等相关，而且还影响胎儿的体格发育。胎儿或新生儿暴露于毒死蜱农药会导致脑细胞的发育、突触功能和行为异常。前瞻性队列研究显示，当母婴血浆中毒死蜱质量分数大于 6.17 **皮克** / 克时，儿童的发育可能受到损伤，在三岁时出现发育延迟、注意力不集中、多动症等症状。研究发现室内施用毒死蜱后，其可在小孩玩具、地板表面存在两周以上，儿童虽不会出现明显的中毒症状，但可能出现较频繁做鬼脸似的行为异常。Rauh 等研究发现孕妇暴露于毒死蜱后，儿童出现智力发育指数和运动发育指数缓慢、注意力及注意力缺陷多动症问题。动物实验研究发现，毒死蜱低剂量重复染毒能够抑制 ERK-CREB 信号途径的磷酸化，从而影响海马（大脑中执行空间学习记忆功能的主要部位）齿状回（DG）区神经发生，导致海马新生神经细胞减少，最终诱发空间记忆障碍。

皮克（pg）

一个极微小的质量单位，1 皮克等于 1 万亿分之一克。

$1pg = 1 \times 10^{-12} g$

三唑磷

一、三唑磷的发明

三唑磷（三唑硫磷），化学名称 O,O- 二乙基 -O-（ 1- 苯基 -1,2,4- 三唑 -3- 基）硫代磷酸酯，工业品为黄色液体，1971 年由德国 Farbwerke Hoechs 公司开发，具有触杀和胃毒作用，兼具一定的内渗作用。作为广谱有机磷类杀虫杀螨剂，三唑磷对粮、棉、果、蔬等主要农作物上的许多重要害虫，如螟虫、稻飞虱、蚜虫、红蜘蛛、棉铃虫、菜青虫和线虫等都有良好的防治效果。

二、三唑磷的生产使用情况

三唑磷是在 20 世纪 80 年代中后期引入我国的，由浙江新农化工有限公司（原浙江仙居农药厂）首家研发生产，1988 年试制成功，1990 年被列为原化学工业部和浙江省计划经济委员会重点技术改造项目。1992 年有三家企业登记生产 20% 三唑磷乳油后，至 2001 年全国已有 17 个省、区、市的 105 家生产企业登记产品 159 个厂次。2004 年 1 月 1 日，我国开始撤销甲胺磷、对硫磷、甲基对硫磷、久效磷和磷胺这五种高毒有机磷农药的生产、销售（中华人民共和国农业部公告 第 322 号）。2007 年 1 月 1 日，全面禁止了这五种有机磷农药的使用（中华人民共和国农业部公告 第 632 号）。在这样的背景下，作为我国大吨位生产的高毒农药的理想替代品种之一，加之生产工艺比较简单、得率较高，三唑磷成为最近几年需求增加最快的杂环类有机磷农药。

2016 年，全国有 255 家企业登记三唑磷产品 385 个。其中，有效登记状态的三唑磷原药 19 个，仅有 6 个产品有生产，原药含量均为 85%。从生产量来看，2013 年为 6843.9 吨，2014 年为 6051 吨，2015 年为 5523.5 吨，呈略下降的趋势。从销售情况来看，主要在国内销售，年销售量 3700 ～ 4104.88 吨，约占总生产量的 70%，出口占总产量的 30% 左右，主要销往印度、巴基斯坦、泰国、巴拿马等亚非拉国家和地区。对于三唑磷制剂共有 366 个产品，2013—2015 年平均产量稳定在 1.3 万吨，主要在国内销售，约占总产量的 90%。截至 2017 年 4 月 10 日，三唑磷有效状态的登记产品 399 个，原药 19 个，制剂 380 个（单剂 148 个，复配剂 232 个）。登记作物以水稻、棉花为主，此外还包括小麦、柑橘、苹果和荔枝树、草地等，防治水稻螟虫、稻水象甲、稻瘿蚊，棉花棉铃虫、红铃虫，小麦蚜虫、红蜘蛛、吸浆虫，柑橘红蜘蛛，苹果桃小食心虫，荔枝蒂蛀虫及草地螟等。

三、三唑磷的作用原理及药效

三唑磷作为广谱性有机磷杀虫、杀螨剂，兼有一定的杀线虫作用，还具有胃毒和触杀作用，可渗入植物组织中，但无内吸活性。同多数有机磷农药一样，三唑磷的主要作用机理是以不可逆方式抑制乙酰胆碱酯酶活性而导致昆虫死亡。对危害棉花、粮食、果树等农作物的害虫（螟虫、棉铃虫、红蜘蛛、蚜虫）及地下害虫、植物线虫、森林松毛虫有显著作用，持效期达两周以上，其杀卵作用明显，对鳞翅目昆虫卵的杀灭作用尤为突出。相比较传统的有机磷农药，三唑磷对水稻植株有很强的渗透性，对于常见的二化螟和三化螟有较强的触杀活力，是长江流域防治水稻螟虫的主要药品。

四、三唑磷的环境危害

三唑磷在我国推广应用已有 20 多年，使用范围广、频次高、用药量大，因其大量使用而导致虫害体内的残留超标、水生生物中毒、虫害的抗药性及再猖獗等问题也逐渐暴露。

大量研究表明，三唑磷对蜜蜂和多数鱼类高毒，对海涂、海塘养殖的水产品虾、蟹、蛏子、蛤等毒性较大，如对鲫鱼 48 小时 LC_{50} 为 8.4 毫克／升，鲤鱼 48 小时 LC_{50} 为 1 毫克／升，易导致水环境污染并对水生生物造成危害影响。

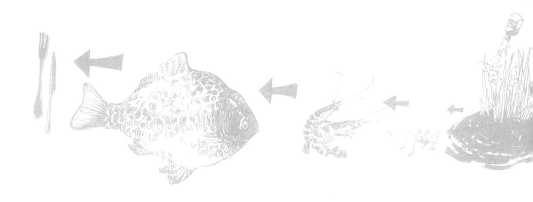

三唑磷在水稻田中的应用存在残留超标风险，浙江、江苏、江西、广东、湖南等省的调查结果表明，三唑磷是土壤、水样等环境样本中检出频次最高的农药品种之一。三唑磷的生产和施用对土壤微生物生态也有一定的危害影响，高浓度的三唑磷还可能具有较强的诱变效应。此外，在水稻害虫防治上的大量使用也导致了稻米中三唑磷残留量的增加。目前，欧盟、日本等发达国家已不再使用其防治水稻害虫，三唑磷在美国的生产、使用量也不高。三唑磷在环境中较为稳定，在水环境中的半衰期为 25.4 天，在棉花和谷物中的消解半衰期为 14 ～ 21 天，在砂土中的半衰期为 18 天，在砂壤土中的半衰期为 87 天。有研究发现，三唑磷进入水体后，由于藻类的累积作用可通过食物链转移到上一个营养级，对水生生态系统和人类健康有更大风险。在荷兰地下水中三唑磷浓度限值为 0.1 毫克／升。

三唑磷的大量使用还会引起抗性问题。大量的研究表明，三唑磷防治水稻、小麦害虫时会对褐飞虱、白背飞虱、灰飞虱及天敌造成影响，引起稻飞虱等非靶标害虫的再猖獗而发生危害。

五、三唑磷的健康危害

同其他有机磷农药类似，三唑磷的中毒症状表现为轻度中毒者有头痛、头晕、恶心、呕吐、多汗、瞳孔缩小、视力模糊等，中度中毒者除上述症状外，尚有肌束震颤、轻度呼吸困难、共济失调、腹痛、腹泻等，重度中毒者除以上症状表现外，还出现大小便失禁、肺水肿、呼吸麻痹、昏迷、脑水肿等。

第十一章　杂环类农药

◤ 吡虫啉

一、吡虫啉的发明

吡虫啉（imidacloprid）是一种硝基亚甲基类内吸杀虫剂，属氯化烟酰类杀虫剂，又称为新烟碱类（ncoincoitniods）杀虫剂，具有胃毒和触杀作用，其纯品为结晶状固体。中文商品名有咪蚜胺、一遍净和大功臣等。

1978 年，在苏黎世的国际纯粹化学与应用化学协会（IUPAC）的会议上，Soloway 等提出了一类称为硝基甲撑杀虫剂的新化合物，以玉米穗夜蛾的幼虫作为靶标生物，通过一系列生物测定，发现了硝基甲撑系列化合物中活性最高的硝噻嗪。20 世纪 80 年代后期，日本岐阜大学教育学院化学系的 Shinzo Kagabu 和拜耳日本农药公司 Yuki 研究中心的 Kiochi、Moirya 等发现具有杀虫活性的杂环体系 -2- 硝基亚甲基咪哇系列，并披露 6-氯代吡啶甲基能增强其杀虫效力。后来他们把注意力转向硝基咪唑烷基团，在通过变换多官能团杂环探索潜在生物活性物质的过程中，发现硝基亚氨基衍生物是该类化合物中最有效的杀虫剂，于是开发出了氯化烟酰杀虫剂吡虫啉，并于 1991 年在英国布莱顿作物保护会议上首次介绍。投放市场后，吡虫啉发展迅速，占整个新烟碱类化合物的 41.5%，现已在超过 90 个国家的 60 种农作物上登记使用，是目前世界范围内主要使用的农药品种之一。目前已经商品化的新烟碱类杀虫剂除吡虫啉之外，还有啶虫脒、烯啶虫胺、噻虫啉、噻虫嗪、呋虫胺、噻虫胺等。

二、吡虫啉的使用情况

与大多数杀虫剂相比，吡虫啉具有不同的作用机制，与常规杀虫剂不具有交互抗性，对很多抗常规杀虫剂的害虫种群高效，具有良好的防治效果，而且对非靶标生物安全性相对较好。所以从 1991 年投放市场以来，吡虫啉的防治对象、使用地区和作物、使用量不断增加。仅在 1997 年，国外吡虫啉产品的产值就达到 10 亿德国马克。在国内，沈阳化工研究院最早进行了这一品种的研发，现在已有十多家农药企业获得农业部的原药和制剂登记。目前吡虫啉是棉花、水稻、小麦、蔬菜及各种果树上防治刺吸式口器害虫的重要农药品种，在国内有 40 多家生产商，2009 年总产量为 4500 吨。2014 年全球新烟碱类农药销售额约 33.45 亿美元，其中吡虫啉（以制剂计）占 35%。2015 年，欧盟少部分地区逐步退出使用，全球吡虫啉使用量略有下滑。

三、吡虫啉的作用机理及药效

新烟碱类杀虫剂为内吸性杀虫剂，能够选择性地作用于昆虫神经系统中的烟碱型乙酰胆碱受体，从而破坏昆虫中枢神经系统信号的正常传导，具有较高的杀虫活性，以及广谱、高效等特点，在生产上除可用作叶面喷雾外，还可用于种子和土壤处理。吡虫啉对蚜虫、飞虱、粉虱等刺吸式口器害虫及其抗药性种群具有较好的防效，且对部分鞘翅目害虫有效。

乙酰胆碱受体（nAChR）是由 γ - 氨基丁酸（GABA）、谷氨酸（Glu）、5-羟色胺组成的同源受体，是一个在神经信号传递过程中起着重要调节作用的配体门控离子通道。吡虫啉主要作用于昆虫中枢神经系统中的烟碱型乙酰胆碱受体，竞争结合乙酰胆碱的结合位点。在昆虫体内，主要以吡啶环上的氨基 N 原子与 nAChR 的 α 亚基作用，激活突触膜，质子化的 N 原子进一步与受体上的阴离子部位以静电引力结合，生成的复合体不能被乙酰胆碱酯酶水解，产生去极化作用，阻断了昆虫正常的神经传导，使昆虫异常兴奋，最终麻痹死亡。由于吡虫啉与哺乳动物 nAChR 受体结合的是 N 位上未被取代的亚氨基，而与昆虫结合的是带负电荷的部分，因此对哺乳动物低毒。目前广泛应用于农作物保护和宠物及饲养动物保健。

四、吡虫啉的生态危害

抗药性是影响杀虫剂防治效果及其使用寿命的关键因子之一，当吡虫啉大量使用时，研究人员对吡虫啉的抗性问题给予了高度重视。

害虫对新烟碱类杀虫剂抗性的报道始于 1995 年，在从未接触过吡虫啉的首蓿蓟马中监测到 14 倍的抗性。马铃薯甲虫是世界著名的毁灭性检疫害虫，1995 年美国首先用吡虫啉防治这种害虫取得良好效果，但是 1996 年就在密歇根州检测到马铃薯甲虫对吡虫啉的低水平抗性，1997 年的抗性竟高达 110.8 倍（成虫），田间防治失效。白粉虱是重要的温室蔬菜害虫，有关白粉虱对吡虫啉抗性产生的报道很多，但大多集中在西班牙南部 Almeira 地区。在这个地区有大约 30000 公顷的温室种植西红柿、辣椒、甜瓜等，自 1993 年吡虫啉就大量用于温室白粉虱的防治，1996 年开始报道白粉虱两种生物型（B- 型和 Q- 型）对吡虫啉的抗药性问题，1999

年采集于Almeira地区的Q-型白粉虱的田间种群对吡虫啉达到116倍抗性，而且该种群对噻虫嗪和吡虫清的抗性也分别达到100倍和74倍。采自不同国家和地区的桃蚜和烟蚜对吡虫啉具有7～10倍的抗性。

有研究表明，吡虫啉对于沼虾的48小时LC_{50}<1.0毫升／克。因此，吡虫啉对虾类属于高毒农药。在田间使用吡虫啉时，应防止药液流入附近河沟渠塘以免对虾类造成危害。吡虫啉对蜜蜂的毒性极高，LD_{50}为0.030微克。欧洲食品安全局发现，包括吡虫啉在内的三种烟碱类农药与蜜蜂数量大减的关系最为密切。

五、吡虫啉的健康危害

蚍虫林对大鼠经口LD_{50}雄性为681毫克／千克、雌性为825毫克／千克。根据我国《农药安全性毒理学评价程序》中急性毒性分级和评定标准，大鼠经口急性毒性及经皮毒性，雌、雄两性均属低毒类；蓄积系数K>5.3，属轻度蓄积；染毒后大鼠的中毒症状表现为抑制作用，出现呼吸急促、侧卧等症状。在长达两年的大鼠喂饲实验中，吡虫啉慢性毒作用的NOEL分别为雄性5.7毫克／千克体重、雌性7.6毫克／千克 体重；随着给药剂量的增加，表现出的不良反应主要有体重下降、甲状腺损害。在长达一年的狗喂饲实验中，慢性毒性的NOEL为4.1毫克／千克体重，随剂量增加，不良反应主要有血液胆固醇含量上升和肝脏的一些应激反应。动物

NOEL

即"无可观察的效应水平"（no observable effect level），指在一定的时间内，生态系统中暴露于环境毒物的生物种群还没有产生不良反应时该污染物的浓度范围，也指使受试生物能够保持良好状态的环境毒物的浓度，即不足以引起反应的污染物剂量水平。

实验表明，吡虫啉具有一定的生殖毒性、肝毒性、神经毒性及遗传毒性。

学习和记忆属于高级神经活动或脑的高级功能，是高等动物和人类最具特色的生理特性之一。信使分子（细胞间通信的媒介）在高等动物的学习记忆过程中发挥着重要的作用，常见的信使分子有 Ca^{2+}、蛋白激酶 C（PKC）、NO 等。NO 参与脑内多种生理病理过程，如学习记忆、递质释放、睡眠觉醒等，它是重要的**逆行信使**，对于突触传递长时程增强（Long-Term Potentiation，LTP）的维持起关键性作用。阻断 NO 的合成途径，动物正常的学习记忆过程可受到影响；采用中枢给药途径，可发现 NO 供体的应用可促进动物的学习记忆过程，而一氧化氮合酶（NOS）抑制剂的应用则出现相反结果。除了参与毒物的毒性作用过程外，NO 在学习记忆过程中也发挥着重要的作用。在培养的大鼠海马神经元中发现，吡虫啉能引起与学习记忆关系密切的 NOS 活性的增强和 NO 含量的升高，因此，一定浓度范围内的吡虫啉可能有潜在的影响学习记忆的作用。

逆行信使

在神经传导过程中具有信息跨突触逆行传导的信使分子。

氟虫腈

一、氟虫腈的发明

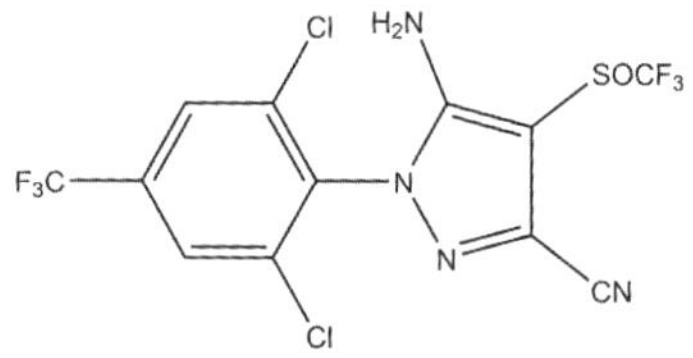

氟虫腈，英文通用名为 fipronil，商品名为 Regent（锐劲特），纯品为白色固体。由法国罗纳 - 布朗克农业化学公司于 1987 年开发研制，1993 年开始商业化，是首个用于有害物防治的苯基吡唑类杀虫剂，也是作用于 γ- 氨基丁酸（GABA）受体、阻断氯离子通道的第二代杀虫剂，1992 年在我国进行登记。

二、氟虫腈的生产使用情况

氟虫腈由于高效、广谱、作用方式多样，曾在作物害虫控制、家庭宠物寄生虫防治、公共卫生及娱乐场所等方面得到广泛应用，包括在 80 多个国家和地区的 100 多种作物上登记注册防治各类害虫。据不完全统计，氟虫腈对 13 个目 29 科近 100 种害虫具有良好的防治效果。2015 年氟虫腈的全球年销售额超过了 5 亿美元。

三、氟虫腈的作用机理及药效

在国外，氟虫腈广泛用于防治家庭宠物和家畜寄生虫、卫生害虫及作物害虫等。可以防治以下几类害虫：① 家庭宠物寄生虫，如跳蚤、虱子、螨虫等；② 家畜寄生虫，如微小牛蜱、丝光绿蝇等；③ 卫生害虫，如蜚蠊、蚊子及家蝇等；④ 作物害虫，如棉铃甲象、蝗虫、棉花蟠象等。此外，氟虫腈对蚂蚁也有很好的防治效果。

20世纪90年代中期,氟虫腈被引进我国并在水稻、蔬菜等作物上登记,且广泛使用。水稻上,氟虫腈可防治多种害虫,包括二化螟、三化螟、稻纵卷叶螟、白背飞虱、褐飞虱、灰飞虱、稻瘿蚊、稻蝗、稻水象甲、稻蓟马等。试验表明,氟虫腈对水稻植株有明显的促进生长作用,增产效应显著。在蔬菜上,氟虫腈对小菜蛾、菜青虫、豆荚螟、甜菜夜蛾、甜菜象甲、豆杆黑潜蝇等具有良好的防治效果。此外,氟虫腈还被用于防治梨小食心虫、草地蝗虫、荔枝蒂蛀虫、棉田绿盲蝽、茶丽纹象甲等。

氟虫腈的作用机制是与昆虫神经中枢细胞膜上的 γ-氨基丁酸受体结合干扰神经细胞的氯离子通道,从而破坏中枢神经系统的正常功能而导致昆虫死亡。此外还有研究表明,氟虫腈还可能作用于昆虫的谷氨酸门控氯离子通道。由于氟虫腈的作用机理独特,与拟除虫菊酯类、有机磷类、氨基甲酸酯类、沙蚕毒素类和阿维菌素类杀虫剂无明显的交互抗性,能用于防治对这些杀虫剂产生抗性的害虫,同时其广谱、高效、持效期长。

四、氟虫腈的环境危害

氟虫腈的吸附系数 $K_{oc} = 825$,另有研究报道 $K_{oc} = 749$,在土壤表面为低到中等吸附。氟虫腈在土壤中有轻微移动性,对地下水可能造成潜在污染影响。

氟虫腈在环境与植物中,通过氧化、还原或水解、光解等作用易转化生成下列不同的代谢产物:氟虫腈氧化物砜 MB46136、氟虫腈硫化物 MB45950、氟虫腈氨基化合物 RPA200766 与光解产物脱亚砜基氟虫腈 MB46513。除母体氟虫腈外,氟虫腈氧化物砜 MB46136 与脱亚砜基氟虫腈 MB46513 也都有毒性,其中脱亚砜基氟虫腈 MB46513 的毒性比氟虫腈母体还高。

氟虫腈主要代谢途径与主要产物

因此，氟虫腈在对多种抗性害虫具有良好防治效果的同时，在使用过程中也发现了许多问题。一是氟虫腈对蜜蜂及一些水生动物，如虾、蟹等高毒。对蜜蜂的毒性极高，LD_{50} 仅为 0.004 微克，蜜蜂采集被氟虫腈污染的花粉带回蜂巢，还会毒死巢内的幼虫和哺育蜂。对罗氏沼虾、青虾、螃蟹的 96 小时 LC_{50} 仅为 0.0010 毫克／升、0.0043 毫克／升和 0.0086 毫克／升。调查还发现，施用氟虫腈的稻田对邻近鱼塘内的蟹、虾也有一定的危害。不仅氟虫腈本身对小龙虾高毒，而且其光解产物对小龙虾的毒性也很高。二是氟虫腈对一些害虫天敌影响较大。如对棉花害虫天敌狡小花蝽（*Orius insidiosus*）和大眼长蝽（*Geocoris punctipes*）的毒性极高，对稻田中主要害虫天敌——蜘蛛和黑肩绿盲蝽（*Cyrtorhinus lividipennis*）的杀伤力大。氟虫腈对蜥蜴的毒性也很高。三是富集作用。研究发现，氟虫腈光解产物脱亚磺酰氟虫腈比氟虫腈在环境中更为稳定，且毒性与氟虫腈相似。

鉴于氟虫腈对甲壳类水生生物和蜜蜂具有高风险且在水和土壤中降解

慢，按照《农药管理条例》的规定，根据我国农业生产实际，为保护农业生产安全、生态环境安全和农民利益，农业部于 2009 年 2 月 25 日发布第1157 号公告，规定自 2009 年 10 月 1 日起，除卫生用、玉米等部分旱田种子包衣剂外，在我国境内停止销售和使用用于其他方面的含氟虫腈成分的农药制剂。

五、氟虫腈的健康危害

2017 年，一场"毒鸡蛋"事件席卷大半个欧洲，多个国家都不同程度地受到影响。6 月初，比利时食品安全局最先发现从荷兰进口的鸡蛋中含有杀虫剂氟虫腈。随后德国、波兰等多家商场售卖的鸡蛋被检测出含有氟虫腈。该事件与荷兰一家为农场提供杀虫服务的专业公司有关。荷兰有 180 家农场是其客户，其中有 147 家农场中的鸡蛋被检测出含有杀虫剂氟虫腈等成分。荷兰、比利时、德国等国已下架数以百万计受杀虫剂氟虫腈污染的鸡蛋。

世界自然基金会（WWF）及其他一些国际机构已将氟虫腈列为环境激素疑似物。氟虫腈可经消化道、皮肤、呼吸道吸收引起中毒，产生四肢抽搐、精神异常、胡言乱语、狂躁等中枢神经系统兴奋症状。迄今，国内外先后报道的中毒事件已有 20 多例。中毒潜伏期，经口 1～16 小时，经皮、呼吸道中毒者可能为数日，无明显前期症状。在人体内氟虫腈可被迅速吸收，中枢神经系统是氟虫腈急性中毒的主要靶器官。急性中毒症状主要为中枢神经系统兴奋，具体表现为情绪激动、易怒、肌束颤动甚至抽搐，可有眩晕、头痛等伴随症状。消化系统可有恶心、呕吐、上腹部烧灼感，甚至有饱胀感，腹部无异常体征，肝功能无异常。循环系统可出现心悸、胸闷等症状，心脏无异常体征，心电图呈窦性心律。一般认为氟虫腈对呼吸系统、肾脏影响不大，氟虫腈中毒的最大危险是抽搐和惊厥。

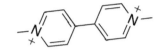

百草枯

一、百草枯的发明

百草枯（paraquat，PQ），又名克芜踪，化学名为 1,1- 二甲基 -4,4-联吡啶阳离子盐，为联吡啶除草剂，一般制成二氯化物或二硫酸甲酯。纯品为白色结晶，在酸性及中性溶液中稳定。1882 年，百草枯首度被合成，1955 年英国帝国化学工业集团（Imperial Chemical Industries，ICI）发现其具有除草活性，1962 年 ICI 公司取得登记并开始生产百草枯除草剂。

二、百草枯的生产使用情况

截至 2013 年，百草枯在超过 130 个国家的 100 多种作物上使用，是全球第二大除草剂。百草枯 1984 年首次进入中国市场。1994 年，湖北沙隆达天门农化有限责任公司开始使用金属钠合成法生产百草枯产品。2003年年底，在农业部登记的百草枯原药企业共 15 家、制剂生产企业近 40 家。2001—2011 年中国百草枯的使用量由 1560 吨增至 9080 吨。百草枯是紧随草甘膦、乙草胺之后，国内农用除草剂中的第三大产品。目前，中国是世界上最大的百草枯原药和制剂生产地。

百草枯主要的生产原料是吡啶。2008 年以前，我国一直没有吡啶及其衍生物的工业合成技术，主要依赖进口，受制于国外公司的约束。随着我国百草枯生产工艺的突破，其产量大幅提升，吡啶需求急剧增加。南京红太阳集团有限公司突破甲醛＋乙醛 - 氯合成工艺技术，2009 年 1 月正式投产吡啶及其衍生物 3- 甲基吡啶，解决了我国化工行业几十年来的技术难题。目前，我国也成为全球最大的吡啶生产国。

百草枯因见效快、性价比突出曾广泛使用，但由于其毒性强，对人、畜危害非常高，一旦中毒没有特效解毒剂，目前有超过 20 多个国家禁止使用或者严格限制使用，如丹麦、美国、德国等，挪威、瑞士已经撤销该产品登记。为维护人民生命健康安全、确保百草枯安全生产和使用，我国自 2014 年 7 月 1 日起，撤销百草枯水剂登记和生产许可，停止生产，保留百草枯原药出口境外使用登记，允许专供出口生产，2016 年 7 月 1 日起停止水剂在国内销售和使用。

三、百草枯的作用机理和药效

百草枯属于灭生性茎叶处理剂，具有触杀和一定的内吸作用，能迅速被植物绿色组织吸收，对非绿色组织无影响，在土壤中迅速与土壤结合而钝化，对植物根部及多年生地下茎及宿根无效。主要用于防治玉米、大豆、蔬菜、水稻、果园内的一年生杂草，在棉田和油椰子种植园内也广泛应用，还用作谷物、棉花、蛇麻油、甘蔗、大豆和向日葵收割前的脱叶剂，用于免耕农业和路边、排水沟、下水道等非农业除草，有利于促进"免耕农业"或"直播农业"的发展。

四、百草枯的健康危害

百草枯除草效果好，但对人的毒性高，成年人口服致死量为 2 ~ 6 克。目前对百草枯的中毒治疗仍处于探索阶段，无有效的解毒药剂，中毒后死亡率极高。统计 2005 年 1 月至 2006 年 12 月的国内 24 篇文献报道，口服百草枯中毒患者的病死率达到 51.74%（445/860），在韩国病死率更高达 73.4%（113/154）。

纯品百草枯进入人体内，大部分可迅速被排泄到体外，但小部分经消化道吸收可引起中毒，对身体各个脏器都有毒性。吸收后迅速经血液分布到全身，以肺脏和肾脏含量较高，且维持时间较久。肺泡细胞（肺泡 I 型细胞和

Ⅱ型细胞）对百草枯具有主动摄取和蓄积特性，高浓度的百草枯积聚在肺和肾细胞，影响其氧化还原反应，产生对组织有害作用的氧自由基，破坏细胞防御机制，导致肺损伤和肾小管坏死。体内和体外实验均表明，在机体各组织中，除肾脏外，肺组织中的百草枯浓度最高。这是因为肺泡细胞中有一个独特的二胺／多胺运载系统参与百草枯的摄取。被摄取的百草枯经还原型辅酶Ⅱ（NADPH）依赖的单电子还原反应生成自由基，再与氧分子反应重新生成百草枯阳离子和一个活性超氧化物阴离子，此超氧化物阴离子在超氧化物歧化酶的作用下转为过氧化氢。氧和过氧化氢可攻击多个未饱和脂质，形成脂质过氧化氢，再与不饱和脂质反应形成更多的无脂质自由基，促进破坏性反应。肺泡细胞膜的损坏可引起肺泡炎，破坏肺泡细胞使呼吸功能受损、气体（O_2、CO_2）无法有效交换，服毒者 4 ~ 15 天渐进出现不可逆性肺纤维化和呼吸衰竭，最终死于顽固性低氧血症。一周内死亡者，出现肺泡细胞充血、肿胀、变性和坏死，肺泡间隔断裂及融合，出现肺水肿、透明膜形成、肺重量增加；一周以上死亡者，出现肺间质细胞增生、肺间质增厚和肺纤维化。肺纤维化多发生在中毒后 5 ~ 9 天，2 ~ 3 周达高峰。此外，也可见肾小管、肝中央小叶细胞坏死，心肌炎性变及肾上腺皮质坏死等。

　　百草枯中毒的治疗目前仍处于探索阶段。在过去的多年中，尝试治疗的方法有阻止百草枯从胃肠道吸收，把百草枯从血流中清除出去，清除氧自由基，阻止肺纤维化等。经口摄入百草枯后约两小时即达血浆浓度峰值，因此宜早期彻底洗胃。由于百草枯对黏膜有一定的腐蚀性，操作宜谨慎，避免穿孔。通过血液透析、血液灌流及持续静脉滤过清除血流中的百草枯虽有一定的效果，但多不能降低患者的死亡率，主要原因是在实施血液灌流以前，患者体内达致死量的百草枯已进入肺泡细胞及重要器官的血管组织，此时通过改变百草枯的毒物动力学救治患者已不可能。

百菌清

一、百菌清的发明

百菌清由美国钻石碱公司（Diamound Alkali Co.）于 1963 年研发，化学名称为 2,4,5,6- 四氯 -1,3- 苯二甲腈。纯品为无色无味晶体，对酸、碱、紫外光稳定，是一种保护性取代苯类杀菌剂，可用于蔬菜、果树、豆类、水稻、小麦等多种作物病害的防治。

二、百菌清的生产使用情况

百菌清于 20 世纪 80 年代中期引入国内，广泛应用于蔬菜、瓜类等经济作物以防治多种病害，同时在工业上也广泛使用，主要用作涂料、电器、皮革、纸张、布料等的防腐剂。在美国的年使用量达 5000 吨，是第二大类农用杀菌剂。

1989 年，云南省化工研究院首次在国内建成年产 100 吨的生产装置。由于百菌清生产工艺要求较高，国内生产百菌清原药的企业较少，共计不到 10 家，其中有 3 ～ 5 家生产规模相对较大。据中国农药工业协会统计，2012 年我国生产量约为 16630 吨，除一部分满足国内需求外，其余大部分为出口。

在发达国家及地区，百菌清除广泛应用于经济作物外，还用于水稻、麦类、林木以及皮革、涂料的防霉和高尔夫球场草坪的杀菌，这些因素拉动了百菌清的出口需求比较旺盛。目前国外主要的百菌清生产企业包括先正达、意大利的 Vischim、日本的 SDS 生物技术公司。

三、百菌清的作用机理及药效

百菌清是一种非内吸性广谱杀菌剂，对多种真菌病害包括防治炭疽病、纹枯病以及霜霉病等具有预防作用，适用于水稻、小麦以及黄瓜等多种作物的病害防治。百菌清能与真菌细胞中的一磷酸甘油醛脱氢酶中的半胱氨酸的蛋白质结合，破坏细胞呼吸代谢中酶系的活力，使细胞新陈代谢受到破坏而丧失生命力。百菌清主要是阻止植物受到真菌侵染，一旦病菌进入植物体后，杀菌作用小。药效期 7 ~ 10 天，施用时可与多种药剂混配。除用作杀菌剂外，近年来还用作防污油漆添加剂，以防止船体上藻类、贝类及其他无脊椎动物的生长。

四、百菌清的环境影响

百菌清在环境中较稳定，在农田土壤生态系统中的半衰期长达 6 个月以上，由于其广泛使用，土壤、水体、温室大棚气体和农产品中检测到百菌清已有许多报道。百菌清具有明显的蓄积毒性，对鱼类、鸟类和水生无脊椎动物的毒性高，对动物内分泌系统也会产生干扰作用，造成雌性化、腺体病变和后代生命力退化等现象。百菌清在土壤中经光、微生物或酶等作用后转化为羟基百菌清，其毒性、稳定性增加，并能溶于水，对环境和食品安全造成更为严重的威胁。从 2009 年起，美国国家环境保护局将百菌清最高残留限量标准从只针对百菌清修改为针对百菌清及其羟基化合物的总含量。

五、百菌清的健康危害

百菌清不但对体细胞有致突变作用，而且也能对生殖细胞发生致突变作用。研究表明，用百菌清饲喂大鼠后发现对肾脏有致癌作用，致突变性较强。美国国家环境保护局将百菌清列为可能使人类致癌的物质。虽然急性毒性低，但在我国也曾出现过百菌清急性中毒事件。有人对某化工厂直接接触百菌清可湿性粉剂的包装工人进行调查，结果表明根据接触时间的长短和个体敏感程度的差异，都有轻重不等的刺激反应。严重者双眼睑浮肿，结膜及咽部充血，双肺有干性啰音，肺部线检查见双肺纹理增深。百菌清对人体的健康危害问题应引起公众高度重视。

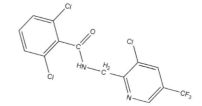

氟吡菌胺

一、氟吡菌胺的发明

氟吡菌胺是由德国拜耳公司研制的一种结构新颖的苯甲酰胺类杀菌剂，化学名称为 2,6- 二氯 -N-[(3- 氯 -5- 三氟甲基 -2- 吡啶基) 甲基] 苯甲酰胺。原药外观为米色粉末状细微晶体，在水中稳定，受光照影响较小。

二、氟吡菌胺的生产及使用情况

氟吡菌胺于 2005 年在中国和英国取得登记，商品名为 Infinito（银法利），2008 年在美国和日本获准登记。2006 年上市，2009 年销售额达到 3000 万美元，2011 年上升到 4500 万美元。2016 年，德国绿色和平组织发表了一份"2016 欧盟农药黑名单"，对目前欧盟市场上获得批准的 520 种活性成分进行了危害性积分，并最后将 209 种农药列入黑名单，并建议分三批逐步淘汰黑名单中的农药。其中，氟吡菌胺属于积分较高但没有触及截止标准的 36 个活性成分之一。这 36 个活性成分被确定作为第三批淘汰品种。美国国家环境保护局也已启动氟吡菌胺的公开审议程序，将于 2021 年完成审议。

三、氟吡菌胺的作用机理与药效

氟吡菌胺为酰胺类广谱杀菌剂，对卵菌纲病菌有很高的生物活性，具有保护和治疗作用。氟吡菌胺有较强的渗透性，能从叶片上表面向下面渗透、从叶基向叶尖方向传导，对叶的最上层施药可保护下一层叶子，反之亦然。对幼芽处理后能够保护叶片不受病菌侵染，还能从根部沿植株木质部向整株作物分布，但不能沿韧皮部传导。其作用机理主要是干扰细胞膜

上的类血影蛋白 (spectrin-like protein) 与其他组分的结合，破坏细胞骨架，从而影响有丝分裂。其对卵菌病害如霜霉病、疫病具有良好防治效果，可在病菌生命周期的很多阶段，如孢子释放、孢子萌发、菌丝生长、孢子囊产生等产生作用，与目前常用药剂如甲霜灵、嘧菌酯、烯酰吗啉等作用机制不同，且无交互抗性。

住友化学美国分公司生产的氟吡菌胺已经登记用于水果、蔬菜和田间作物，以及草皮和观赏植物，对霜霉病、疫病、晚疫病、猝倒病等常见卵菌纲病害具有较好防效，在番茄、辣椒、马铃薯、西瓜、黄瓜、葡萄、烟草上均有使用报道。

四、氟吡菌胺的环境健康危害

目前对于氟吡菌胺毒性及健康危害方面的研究报道较少。氟吡菌胺对哺乳动物大鼠急性经口、经皮 LD_{50}>5000 毫克／千克，对兔皮肤无刺激性，兔眼睛有轻度刺激性，豚鼠皮肤无致敏性，对兔、大鼠无潜在致畸性，对大鼠无致癌作用。氟吡菌胺对环境生物山齿鹑急性经口 LD_{50}>2250 毫克／千克，鸭急性经口 LD_{50}>2250 毫克／千克，虹鳟鱼 LC_{50}=0.36 毫克／升（96 小时），蓝鳃太阳鱼 LC_{50}=0.75 毫克／升（96 小时），大型溞 EC_{50}>1.8 毫克／升（48 小时），水藻 EC_{50}>4.3 毫克／升（72 小时），蚯蚓 LC_{50}>1000 毫克／千克（14 天），蜜蜂触杀 LD_{50}>100 毫克。总体上，氟吡菌胺对蜜蜂、鸟和水藻的急性毒性均为低毒，对大型溞为中毒，而对两种鱼的急性毒性则为高毒。

EC_{50}

半数效应浓度（concentration for 50% of maximal effect），指能引起 50% 个体出现效应的药物浓度。

第十二章　氨基甲酸酯类农药

自 20 世纪 70 年代以来，由于有机氯农药受到禁用或限用，以及抗有机磷杀虫剂的昆虫品种日益增多，使得氨基甲酸酯类杀虫剂在我国得到广泛使用，主要有涕灭威、克百威、叶蝉散、巴沙等。

▌涕灭威

一、涕灭威的发明

涕灭威由美国联合碳化物公司于 1962 年研发，此后在法国和印度建成生产装置，1983 年规模达 11000 吨／年。我国天津农药研究所于 1981 年试制成功。纯品为白色晶体，水溶解度 4930 毫克／升（20℃）。

二、涕灭威的作用原理

涕灭威是氨基甲酸酯类高效、剧毒、广谱杀虫、杀螨、杀线虫剂，具有触杀、胃毒和内吸作用，是强胆碱酯酶抑制剂，可抑制昆虫体内乙酰胆碱酯酶的活性，导致副交感神经中毒，使昆虫过度兴奋而死亡。代谢产物涕灭威亚砜、涕灭威砜也具有类似活性。涕灭威水溶性好、活性高、内吸作用强，对红薯线虫具有极高的防效。

三、涕灭威的生产使用情况

涕灭威，曾在世界 70 多个国家或地区登记在烟草、水果等 50 多种作物上使用，但因其毒性高、非法使用现象普遍，欧盟、加拿大、巴西、秘鲁、牙买加、多米尼加、埃及等国和我国台湾地区已先后禁用涕灭威。美国由于没有找到涕灭威替代产品，美国国家环境保护局于 2011 年批准涕灭威登记用于棉花、花生、甜菜、马铃薯和大豆防治螨虫和线虫。

我国分别于 1986 年在棉花、1987 年在花生与烟草、1999 年在红薯上登记使用涕灭威。由于涕灭威的剧毒性及较强的水溶性，为防止地下水受污染，我国规定仅限在河北、河南、山东（花生、红薯）和云南（烟草）省内使用涕灭威，并禁止在地下水位埋深 1 米以内、距水源 100 米以内的地块使用及年降雨量＞1000 毫米的沙土和沙壤地区使用。明令禁止涕灭威在蔬菜、果树、茶树和中草药材上使用。目前我国仅保留了山东华阳农药化工集团有限公司生产的 80% 涕灭威原药和 5% 涕灭威颗粒剂登记，登记作物为甘薯、花生、棉花、烟草、月季，施药方式为播种或移栽时穴施或沟施；每个作物生长周期内最多使用一次，安全间隔期为 150 天。

四、涕灭威的杀虫药效

涕灭威对百余种作物的害虫都有很好的防治效果，尤其是对棉花、玉米、马铃薯、花生、红薯及多种经济作物的蚜虫、蓟马、叶蝉、蜡象、螨类及线虫有效。有效用量为 0.5 ~ 3.5 千克 / 公顷。杀虫速度与施药量、施药方法、土质，特别是土壤水分有关。作物根部附近的水分较多时，在几个小时就会显出杀虫效力；涕灭威药剂在湿润的土壤中能迅速被植物根系吸收传导，一般在 24 小时内即可发挥药效。对蚜虫、潜叶蝇等高度敏感的害虫，药效期可持续 12 周之久；对于棉铃虫、棉叶跳虫、螨类等敏感性较差的害虫，药效期在 4 ~ 6 周。

五、涕灭威的环境影响

氨基甲酸酯类农药不仅具有杀虫作用，还能显著刺激作物生长，其缺点是毒性大，易发生人、畜中毒事件，其残留对人、畜及环境可产生极大的危害。涕灭威施入土壤后很快会被氧化成仍具生物活性的涕灭威亚砜和涕灭威砜，涕灭威及其氧化物可进一步水解或生物降解，转变成各自相应的低毒或无毒的腈或肟代谢物，最终降解成二氧化碳，涕灭威在土壤中的降解半衰期为 1～4 周。

水解是涕灭威在环境中降解与解毒的重要途径之一，涕灭威及其两个主要代谢产物（涕灭威亚砜和涕灭威砜）在中性及偏酸性介质中较稳定，其水解半衰期均长达一年以上，而在碱性介质中易分解；同时，其水解速率随水温的升高而加快，高温时降解半衰期只有几分钟。研究表明，总涕灭威在偏酸性地下水中，降解半衰期可达数年之久。因此，一旦其进入温度较低、偏酸性的地下水中，就容易导致对地下水的累积污染。

涕灭威在土壤中很容易随降水或灌溉水向下移动而进入浅层地下水造成污染，目前已在许多地区的地下水中发现涕灭威残留。有学者于 1998—2003 年采集分析了 200 个云南植烟区水体样品中涕灭威农药的残留情况，涕灭威检出率为 13.5%，超过 10 微克／升标准的比例为 3.5%；在河北卢龙县 30 多个自然村采集的 100 个地下水样品中有 12 个检出涕灭威，浓度范围为 0.2～0.6 微克／升，在 15 个地表水样品中有 6 个检出涕灭威，浓度范围为 0.4～4.4 微克／升；采集分析了山东费县和新泰市 23 个自然村中 55 个地下水样品，有 6 个检出涕灭威，浓度为 0.4～3.8 微克／升。涕灭威对鳟鱼和金鱼的急性毒性 LC_{50} 分别为 0.5 微克／升和 8.3 毫升／千克，属高毒农药。但因其是以颗粒剂的形式施入土壤中的，因而随降水径流进入地表水体中的量极少。此外，又因其具有较快的降解作用和较高的水溶性，鱼对涕灭威的生物富集系数很小，且一旦进入净水环境，鱼体内的浓度会很快降低。通过对涕灭威和广泛使用的阴离子表面活性剂十二烷基苯磺酸钠（SDBS）组成的复合污染体系对斑马鱼胚胎 DNA 的影响研究，结果表明涕灭威对斑马鱼胚胎DNA的损伤随浓度增大而加重，但低浓度涕灭威在短时间内造成的DNA单链断裂是可以修复的，高浓度则导致难以修复的双链断裂，一定浓度（20毫克／升）的SDBS在复合污染体系中能减弱涕灭威的毒性。通过涕灭威对鲤鱼红细胞染色体损伤效应、对细菌的致突变性、对人体的DNA损伤效应这三种遗传学试验检测水中涕灭威的遗传毒性研究，结果显示未观察到明显的染色体损伤效应，具有一定的致突变和DNA损伤风险。涕灭威具有很高的毒性和较强的迁移性，不能忽视其进入水系后对水生态系统的影响。

六、涕灭威的健康危害

涕灭威主要经胃肠道吸收，而经皮肤吸收的较少，如尘土中若含有涕灭威，则易被呼吸道吸收，经代谢转为亚砜和砜，两者都有毒。涕灭威主要经尿液快速排泄和代谢，少部分由胆汁排除，然后进入肠肝再循环，虽长期接触但其在体内并不累积。涕灭威毒性很高，约为克百威的10倍，西维因的52～71倍。人体一旦中毒将出现头疼恶心、腹泻呕吐、腹部痉挛等症状，严重的将导致失去知觉和死亡，其原因是乙酰胆碱酯酶受到抑制，副交感神经系统受到刺激。中毒症状的出现和消失过程很快，严重程度取决于接触方式和接触剂量，一般情况下如不引起窒息死亡，不使用解毒剂也会很快恢复。患者肌肉注射硫酸阿托品等药物解毒，解毒过程约12小时。对涕灭威进行"三致"试验，结果显示未引起致突变、致癌和致畸作用，对繁殖也无影响。人体有可能通过直接接触（如生产工人和施药农民）或食用含残留涕灭威的食物而发生中毒事故。例如，山东省某地曾相继发现多起因食用"黑美人"西瓜而导致的中毒事件，经调查发现中毒原因是瓜农在西瓜种植过程使用了禁用农药涕灭威。

克百威

一、克百威的发明

克百威，又名呋喃丹，是高效广谱氨基甲酸酯类杀虫剂和杀螨剂，具有触杀、内吸及胃毒作用，并且兼有杀虫、杀螨和杀线虫的生物活性。1986 年美国富美实公司（FMC）在我国首次取得登记。

二、克百威的生产使用情况

种衣剂

用于对种子包衣，以防止播种后遭受土壤中病虫侵袭的物质。

在西方发达国家如美国，克百威年生产量在 1 万吨以上。1997 年美国国家环境保护局把克百威列为禁用农药，但是由于其高效的杀虫效果，许多发展中国家仍在使用。目前我国**种衣剂**发展较快，克百威主要用于种子包衣处理。1998 年产量在 12000 吨，推广使用面积在 2500 万公顷以上；1999 年生产量约 15000 吨，推广面积 3250 万公顷以上。主要作物有小麦、玉米、水稻、棉花、大豆、油菜、花生等。总产量以每年 20% ~ 30% 速度增长，至 2005 年种衣剂全国产量已突破 4 万吨。2002 年我国将克百威列为限制使用农药，禁止其在蔬菜、果树、茶叶和中草药材上使用。2016 年我国撤销克百威在甘蔗作物上使用的农药登记，自 2018 年 10 月 1 日起，禁止克百威在甘蔗作物上使用。

三、克百威的作用原理

克百威能被植物根系吸收，传到植物各个器官，叶部积累较多，特别是绿叶，对害虫有胃毒及触杀作用，可引起温血动物转氨酶、碱性磷酸酶、葡萄糖 -6- 磷酸脱氢酶及磷酸果糖激酶等其他种类酶活性的改变，从而改变血液循环速度，使内脏发生代谢能力改变或坏死性改变，可用于多种作物防治土壤中及地上部的 300 多种害虫和线虫。

四、克百威的环境影响

克百威在碱性或强酸性下不稳定，光和氧化稳定性较好。在水田中的降解半衰期为 1 ～ 2 天，在旱地土壤中的降解半衰期在 30 ～ 60 天，较易随水流失而进入土壤、水体及生物体中，对环境安全有直接影响。

克百威在土壤中的残留期较长、移动性能较大，在降水量大、地下水位浅的砂土地区易引起对地下水的污染。目前，世界各国的湖泊、江河等地表水体及井水中普遍检出克百威，多个国家将克百威列为环境优先污染物。

克百威对鸟类的毒性很高，1 只体重 30 克的小鸟摄食 1 粒克百威颗粒便可致命。受克百威中毒致死的小鸟或其他昆虫再被猛禽类、小型兽类或爬行类动物觅食后，可引起二次中毒而致死。在美国曾发现 30 余起猛禽（鹰、秃鹫）遭克百威二次中毒事故，克百威是引发鸟类死亡最主要的农药品种。

我国一个多年使用克百威的甘蔗种植区内，在一个由低丘陵地、村庄、农田组成的约 5 平方千米的生态环境中仅发现一只麻雀，耕层土壤中 1 平方米只发现 3 条蚯蚓，而在邻近未施用过克百威的对照地中有 30 多条。据当地农民反映，使用克百威初期，施药后在土表可见大量死亡蛆蚁，现已少见，当时还可以见到不少小型兽类被毒死的情况。2005 年美国国家环境保护局对呋喃丹进行风险评估，预测野鸭到施用呋喃丹的苜蓿地上觅食，有 92% 的野鸭很快中毒致死。克百威的使用已危及一般鸟类甚至珍稀鸟类的安全。

五、克百威的健康危害

研究表明，克百威是一种内分泌干扰物，可损害家兔和大鼠的生殖系统，可使家兔射精量、精子浓度、精液中果糖浓度及渗透压下降，可使雄性大鼠睾丸组织标志酶山梨醇脱氢酶（SDH）和葡萄糖 -6- 磷酸脱氢酶（G-6-PD）活性下降，乳酸脱氢酶（LDH）和 γ - 谷氨酰转移酶活性升高，并对睾丸组织有一定的损害作用。美国国家环境保护局认为克百威对人的神经有毒害作用，饮用水中克百威限值为 0.04 毫克／升。

克百威可经消化道、呼吸道、皮肤吸收，对心脏、肝脏、胰腺、肾脏均有毒害作用。与其他氨基甲酸酯类杀虫剂相比，其特殊性在于以下方面：①克百威与胆碱酯酶的结合不易水解；②不能用肟类复能剂解毒；③克百威在体内水解可产生氰化物，与细胞色素氧化酶结合，阻碍氧化还原反应，抑制线粒体呼吸，可使神经递质合成代谢异常，从而损害中枢神经，对肺部有强烈的局部刺激作用，引起呼吸节律异常、心前区疼痛，呼吸中枢麻痹和心脏停搏是致死的主要原因。

克百威对乙酰胆碱酯酶活性的抑制作用是可逆的，可在动物肝脏中代谢并通过尿液排出，其半衰期为 6 ~ 11 小时，在高温高湿度下更易诱发中毒。急性中毒的临床表现与体征大致可分为轻、中、重三种中毒程度。

轻度中毒：头昏、头痛，心里难过，四肢无力，心跳、血压均正常或略偏高，瞳孔无明显变化或偏小，皮肤微汗或无汗。

中度中毒：头昏、头痛，心里难过，恶心，呕吐，神清，脸色苍白，汗多，流口水及泪水，两瞳孔缩小，心率减慢，血压下降。

重度中毒：除上述症状加重外，伴有四肢肌肉抽搐或呈鹰爪样，大小便失禁，烦躁不安，呼吸困难，意识丧失。

我国严格禁止克百威在蔬菜、果树、茶叶和中草药材上使用，避免克百威残留危害人体健康；严禁将克百威加水制成悬浮液直接喷施使用，以防止对施用人员的中毒影响。

第十三章　三嗪类农药

阿特拉津

一、阿特拉津的发明

阿特拉津，又名莠去津，属三氮苯类除草

剂，由瑞士 Geigy 化学公司 1952 年研制开发，1959 年投入商业生产。

二、阿特拉津的作用原理

阿特拉津是一种选择性内吸传导型苗前、苗后除草剂，以根部吸收为主，茎叶吸收很少，药剂在植体内迅速传导到分生组织及叶部，干扰抑制光合作用，破坏叶绿素，阻碍碳水化合物的合成、碳源的还原和细胞中二氧化碳的还原，使杂草致死。玉米等抗性作物体内有玉米酮酶，可将药剂分解成无毒物质，因此玉米等作物不会被杀死。可防除一年生禾本科杂草和阔叶杂草，对某些多年生杂草也有一定的抑制作用，主要用于玉米、高粱、甘蔗、茶园和果园除草。

三、阿特拉津的生产使用情况

阿特拉津因成本较低、使用方便、杀草功效优良，曾在世界各国得到广泛应用和推广。2002 年，阿特拉津位居世界第十大除草剂，销售额达2.8 亿美元。在美国中部，每年要使用数千吨阿特拉津于玉米田中，占除草剂使用量的 60%。我国阿特拉津的生产与使用量均居世界前列，产量达

20 万吨（纯品），占世界总产量的 1/10。2000 年的使用量为 2835.2 吨，2008 年使用量在 5000 吨以上。

四、阿特拉津的环境影响

阿特拉津曾被认为是生态安全的除草剂，但由于连年大量使用，其对环境的影响也日益显现。阿特拉津在农田施用后随着地表径流、淋溶、沉降等多种途径进入地表水和地下水，在水中能抵抗自然的递降分解作用，从而对水生态系统和饮用水水源构成威胁，近来不断有阿特拉津污染事件的报道。已有的研究证明阿特拉津对动物的生殖功能有极大的影响，被世界自然基金会列为环境荷尔蒙（内分泌干扰物）的可疑物质，有扰乱内分泌系统的作用，也是人类潜在的致癌物。

阿特拉津对杂草有很强的杀伤力，但其最大的缺点是残留时间长、降解缓慢，而且还具有一定的水溶性与土壤淋溶性，易在雨水、灌溉水作用下淋溶至较深土层污染地下水，也可随地表径流进入河流、湖泊污染地表水。阿特拉津在水中的残留不断被检测到，如淮河信阳、阜阳、淮南、蚌埠四个监测点的河水中阿特拉津的检测浓度分别为 76.4 微克／升、80.0 微克／升、72.5 微克／升、81.3 微克／升；从 2003 年 11 月至 2004 年 9 月，对太湖梅梁湾水体进行了四次采样，结果显示阿特拉津的质量浓度在 21.3 ~ 613.9 纳克／升。在阿特拉津主要生产企业排污口下的地表水中均检出阿特拉津及其代谢产物，且含量大部分超出地表水中 0.003 毫克／升的标准，在其周围的深井水中也已发现阿特拉津及其降解产物。

我国玉米播种面积广大，有约 2/3 的玉米田使用阿特拉津作为除草剂，但当长期种植玉米的土地改种蔬菜水稻等农作物时，会经常发生死苗事故，原因在于玉米田残留的阿特拉津对蔬菜、水稻等农作物敏感而造成药害。

1988 年、1992 年和 1993 年河北曾先后发生了三次大面积的水稻受害事件，总受害面积约 10 万亩，经济损失达 3000 万元。辽宁自 1995 年起在三年之内发生了多起阿特拉津对果树、蔬菜及大豆的毒害事件，其中包括一起特大的阿特拉津污染事件，污染面积达 2800 公顷，直接经济损失 4000 多万元。

阿特拉津能在水生生物体内富集，对水体中的低等动物毒性极大，当浓度达到 3 微克／升时，可杀死水中的节肢动物；当浓度达到 15 微克／升时，小球藻的生长即受到抑制；当浓度为 200 ～ 2000 微克／升时，青蛙的体长和体重分别减少 5%、10%；当浓度达到 5 ～ 20 微克／升时，可抑制弹琴蛙蝌蚪的生长发育，造成蝌蚪畸形，并干扰机体内正常的代谢机制。在实验室条件下，低至 0.1 微克／升的阿特拉津即可造成蛙类性腺发育畸形，当水中含量在 0.1 微克／升时能诱发 20% 的非洲树蛙蝌蚪胚胎发育为雌雄同体或导致脱雄化现象，水中含量为 25 微克／升时雄性树蛙血浆中睾丸激素仅为正常树蛙的 1/10；3 微克／升阿特拉津即可使仓鼠染色体破裂，在一定剂量下则对小鼠生殖细胞可能产生遗传损伤，且干扰精子的正常生成与成熟过程。已有研究证明阿特拉津对动物的生殖功能有很大的影响，为环境内分泌干扰物。有研究者认为阿特拉津增加了蛙体内的一种叫 aromatase 的酶，会将雄激素转为雌激素，导致动物的雌性化；受影响雄蛙的性器官中 aromatase 含量较高，而其血液中雄激素水平却特别低。

五、阿特拉津的健康危害

美国卫生与社会服务部（DHHS）的报告称，长期暴露在阿特拉津中，人的免疫系统、淋巴系统、生殖系统和内分泌系统都会受到影响，有可能产生畸形，诱导有机体突变。用阿特拉津处理体外培养的人体淋巴细胞时，当其浓度为 1 毫克／升时，淋巴细胞染色体轻微受损；当浓度达到 5 毫克／升时，染色体发生显著损伤。Sanderson 等亦发现阿特拉津等三氮苯类除草剂能使人体内 CYP19 酶的活性升高，干扰人体的内分泌平衡。另有研究报道，阿特拉津可能对人体具有致癌性，长期接触会引发卵巢癌和乳腺癌；同时，阿特拉津也可能造成人类心血管系统发生问题和再生繁殖困难。因此，阿特拉津被列入内分泌干扰剂化合物名单，受到欧美大部分国家和政府的监控。研究表明，阿特拉津对农作物、动植物和人类生长都存在毒害作用，其风险不容忽视。

　　曾经的几十年中，阿特拉津一直被认为是一种安全有效的产品，通过长期的研究发现其对生态环境已造成不同程度的污染和破坏。目前，阿特拉津已被归类为限制使用的除草剂，各国政府对阿特拉津的使用和排放及其在食品、作物、饮用水水源中的残留都有严格的规定和限值。2003 年美国国家环境保护局维持对阿特拉津的登记使用，但对饮用水中阿特拉津的残留限值为 3 微克／升。美国联邦法规规定阿特拉津在脂肪、肉类及肉类副食品中的最高残留量为 0.02 毫克／千克。加拿大于 2004 年修改阿特拉津的使用，除了在玉米田防除杂草使用之外，撤销阿特拉津其他所有的使用登记。加拿大饮用水水质标准中规定阿特拉津及其代谢产物的最大可接受浓度为 5 微克／升。欧盟对阿特拉津的限制标准为 0.1 微克／升，水中农药残留总量不得超过 0.5 微克／升。欧洲许多国家，包括法国、德国、奥地利、意大利、荷兰、瑞典、挪威和瑞士都相继禁止使用阿特拉津，爱尔兰、英国、西班牙、意大利、希腊于 2008 年起严禁使用阿特拉津。我国 I、II、III 类地表水中阿特拉津的残留不得超过 3 微克／升，玉米、甘蔗中阿特拉津的最大残留限量 <0.05 毫克／千克。

第十四章　超高效除草剂

　　磺酰脲除草剂是一类超高效除草剂，是世界上品种最多、应用范围最广的一类除草剂，具有高活性、广谱、低剂量、低毒、高选择性等优点。我国广泛应用的品种有氯磺隆、甲磺隆、苯磺隆、氯嘧磺隆、苄嘧磺隆、吡嘧磺隆。其中，氯磺隆目前的应用面积已达 200 万公顷，占播种面积的6%，甲磺隆占播种面积的4%。磺酰脲类除草剂的应用面积仍呈扩大的趋势，而且新的品种仍在不断产生。

◤ 磺隆

一、磺隆的发明

　　20 世纪 80 年代美国杜邦公司开发出磺酰脲类除草剂产品，每公顷用量以克计，标志着除草剂进入超高效时代。

二、磺隆的生产使用情况

　　磺酰脲类除草剂发展迅猛，目前已有 31 个产品商业化。2007 年全球市场销售额达 20.35 亿美元，占全球除草剂市场的 11% 以上，年销售量达2100 ~ 2200 吨，在世界农药市场占有举足轻重的地位。

　　磺酰脲类除草剂对众多一年生或多年生杂草有特效，广泛应用于防除水田、旱地、园林、森林防火隔离带与非耕地杂草。目前，销售市场仅次于靶标为氨基酸类的除草剂（草甘膦等）。美国是使用磺酰脲类除草剂数量和种类最多的国家，其次是中国、欧洲、日本、澳大利亚。2003 年欧洲在谷物上的使用量为 221 吨、玉米地杂草防治的使用量为 135 吨。

我国是磺酰脲类除草剂的生产和使用大国。目前，国产化品种主要有苄嘧磺隆、氯磺隆、甲磺隆、苯磺隆、氯嘧磺隆、烟嘧磺隆、胺苯磺隆、吡嘧磺隆、嘧苯磺隆、噻吩磺隆、砜嘧磺隆、磺酰磺隆共 12 个品种，其中使用较多的是苄嘧磺隆、烟嘧磺隆和苯磺隆。

磺酰脲类除草剂的应用在现代化农业生产中发挥了极其重要的作用，但也给生态环境和农产品的生产安全造成诸多负面影响。因结合残留及其对后茬作物的危害问题，我国自 2015 年 12 月 31 日起禁止氯磺隆在国内销售和使用，自 2017 年 7 月 1 日起禁止甲磺隆和胺苯磺隆在国内销售和使用。

三、磺隆的作用原理

磺酰脲类除草剂主要通过对植物体内的乙酰乳酸合成酶（ALS）的抑制阻碍支链氨基酸（缬氨酸、亮氨酸和异亮氨酸）的生物合成，抑制植物细胞的分裂和生长。除草活性与其对 ALS 的抑制程度高度相关。由于抑制 ALS 活性所需的外源物质质量浓度极低，磺酰脲类除草剂以极低剂量（2～75 克／公顷）表现出卓越的除草活性，为传统除草剂的 100～1 000 倍。

动物体内缺乏支链氨基酸（缬氨酸、亮氨酸和异亮氨酸）的生物合成途径，因此以抑制此类氨基酸生物合成作为靶标的除草剂对动物的安全性较高。

Sweetser 等科学家阐明了磺酰脲类除草剂具有选择性的机理。不同植物对除草剂的代谢能力、途径和降解水平差异很大，表现出的敏感度不一样。同种除草剂在敏感植物体内比在相对抗性植物体内的代谢和降解速度相对缓慢得多，从而在敏感植物内发挥活性，如氯磺隆在小麦植株内代谢很快，半衰期为 2 ~ 4 小时，而在敏感植物体内半衰期 >24 ~ 48 小时。

四、磺隆的环境影响

磺酰脲类除草剂在土壤中易于在磺酰脲桥处断裂，产生化学水解和生物降解，水解反应主要生成磺胺与氨基杂环，在酸性条件下快速水解，在碱性条件下不易水解。

磺酰脲类除草剂水溶性较强，易造成水体污染，通过水循环抑制周边及大范围内水体中植物的生长，降低水生生物繁殖率，破坏生态环境，并可以通过食物链富集传递对人体造成危害。磺酰脲类除草剂的推广应用已有 30 多年的历史，该类除草剂的开发和应用对农药的发展和农业生产都起到了积极的作用，但残留药害和杂草的抗药性问题已成为其发展的严重障碍，尤其是残留药害问题更为突出。研究表明，甲磺隆在土壤中的残留较普遍，施用 112 天后，15 种土壤中甲磺隆的残留量占施用量的比例达40.0% ~ 82.9%。在小麦田常规使用技术下，甲磺隆、氯磺隆等超高效药

剂可在土壤中残留数月甚至几年，对后茬作物玉米、油菜、棉花及某些豆科作物产生不同程度的药害，甚至死亡。

早期开发的磺酰脲类除草剂（如氯磺隆、甲磺隆）在土壤中的残留期较长。残留于酸性土壤中的甲磺隆残留物大部分呈结合态，会对土壤微生物造成较大的影响，对土壤细菌、真菌具有显著的刺激作用，但土壤放线菌却受到了强烈的抑制。土壤中结合态甲磺隆残留物可导致土壤微生物群落结构发生变化，使生物种类减少、耐污种类个体数增多，生态效应不容忽视。土壤结合残留是残效期长的重要原因之一，因为结合态残留物释放缓慢、迁移淋溶性减弱，这必然延长它在土壤中的持留时间而对非靶植物（后茬作物）产生药害，如氯磺隆的结合残留物对水稻最为敏感，可以影响水稻的根系生长、叶色、分蘖等，水稻苗期结合态残留最低致害剂量为 10 微克／千克。

氯磺隆在 1 微克／千克时，可抑制玉米的生长；在 10 微克／千克时可抑制玉米芽的生长。另外，由于磺酰脲类除草剂单一的作用位点导致杂草对其产生抗药性的速度快，连续施用 3～5 年后，杂草易产生抗药性。1987 年，美国爱达荷州冬小麦的刺莴苣就对氯磺隆和甲磺隆的混剂产生了抗性，并迅速扩大到 13 个州和加拿大的 1 个州。在推广应用磺酰脲类除草剂 10 年后，在美国已发现繁缕、刺莴苣、地肤、细叶猪毛菜、多花黑麦草、多年生黑麦产生了抗性生物型。澳大利亚从 1984 年在麦田开始应用氯磺隆，在小麦上连续使用 8 年后，卷茎蓼、苦苣菜、蒜芥对氯磺隆、甲磺隆、阔叶散也产生了抗性。

磺酰脲类除草剂对藻类、鱼类的繁殖和发育均可造成不同程度的损害。采用半静态水生物测试法测得氯吡嘧磺隆对斑马鱼 96 小时 LC_{50} 为 21.7 毫克／升，农药毒性为低毒；5% 烟嘧磺隆 -21% 莠去津对斑马鱼 96 小时

LC_{50} 值为 5.908 毫克／升；对大型溞 48 小时 EC_{50} 值为 1.842 毫克／升，其毒性级别均为中毒。研究表明，磺酰脲类除草剂可抑制非靶微生藻类的生长，并在短时间内抑制固着水生物群落腺嘌呤和胸苷的结合；对四种淡水浮游生物具有生长毒性，对同种藻类苄嘧磺隆比烟嘧磺隆和氯磺隆的毒性大，即便在低浓度时对环境生物也有潜在的危害。不同浓度的苯磺隆溶液均可降低斑马鱼胚胎孵化率，而且其影响表现出明显的剂量依赖效应；鱼体中丙二醛含量随着暴露浓度的升高而升高，并且苄嘧磺隆对斑马鱼胚胎发育阶段有一定的抑制效应。甲磺隆会明显影响鱼脑组织中乙酰胆碱酶的活性，特别是水产品中高浓度甲磺隆的蓄积可能会影响水产品的质量，对水生生态系统结构的稳定性也产生影响。

第五篇
多事之秋
农药重大事故

　　农药除了在使用中可能造成危害，其在生产过程中也会产生并排放有毒有害物质，危及人体健康和环境安全。农药，因其自身特有的生物活性，导致一旦发生生产性安全事故或有毒物质泄漏事故，便会造成巨大的环境与健康损害。以史为鉴，我们才能尽量减少类似悲剧的发生。

第十五章　农药事故的伤痛

印度博帕尔农药厂毒气泄漏事故

1984 年 12 月 3 日凌晨，在印度的博帕尔发生了 20 世纪最为严重的化学泄漏事故。美国联合碳化物公司在印度中央邦博帕尔市北郊建立了联合碳化物（印度）有限公司，专门生产涕灭威、西维因等氨基甲酸酯类杀虫剂。这些产品的化学原料是名为异氰酸甲酯（MIC）的剧毒气体。当日清晨，该公司设立在贫民区的一家农药厂发生了氰化物泄漏，储藏间的液态异氰酸甲酯的钢罐发生爆炸，40 吨的剧毒气体在很短的时间内就泄漏一空，飘散在整个博帕尔市上空。根据印度政府公布的数字，在毒气泄漏后的头三天，当地有 3500 人死亡。不过，印度医学研究委员会的独立数据显示，死亡人数在前三天其实已经达到 8000 ~ 10000 人，此后多年里又有 2.5 万人因为毒气引发的后遗症死亡。还有当时生活在爆炸工厂附近的 10 万名居民患病，3 万人生活在饮用水被毒气污染的地区。博帕尔毒气泄漏事故迄今陆续致使超过 55 万人死于和化学中毒有关的肺癌、肾衰竭、肝病等疾病，20 多万名博帕尔居民永久残废，当地居民的患癌率及儿童夭折率也因为这次灾难远比印度其他城市高。

事后美国联合碳化物公司在 1989 年向印度政府赔偿了 4.7 亿美元，1999 年该公司被陶氏公司收购，并在事故发生的 25 年后对当时事发时的 8 名美国联合碳化物公司印度分公司的高管进行了审判。2009 年某一环境组织在印度博帕尔市做的环境调查中发现，事故发生的工厂周围仍然存在大量的当年泄漏的化学残留物，而且这些残留物已经污染了当地的地下水和土壤，致使当地更多的居民受到这场泄漏事故的危害。

美国因斯蒂坦特农药厂有机毒物泄漏事故

在印度博帕尔事故后的第二年，也就是 1985 年 8 月 11 日，联合碳化公司在美国西弗吉尼亚州生产异氰酸的因斯蒂坦特农药厂再一次发生有毒物质涕灭威肟泄漏事故。据调查，涕灭威肟是从一个容量为 5000 加仑的贮罐中泄漏出来的。当时，贮罐内有 500 加仑 35% 的涕灭威肟和 65% 的二溴甲烷溶液，由于贮罐内过热，造成 2800 磅涕灭威肟分解物、700 磅二溴甲烷溶液和 300 磅残渣泄漏。此次事故造成 6 名工人受伤，附近居民 135 人中毒。

调查还表明，尽管该厂在印度博帕尔事故后立即强化了毒物泄漏防止措施，但仍在短期内发生了泄漏事故，说明安全事故的防护并不能一劳永逸，尤其是生产高毒农药的工厂更是如此。

莱茵河污染事故

莱茵河发源于瑞士阿尔卑斯山圣哥达峰下，自南向北流经瑞士、列支敦士登、奥地利、德国、法国和荷兰等国，于鹿特丹港附近注入北海。全长 1360 千米，流域面积 22.4 万平方千米。自古以来，莱茵河就是欧洲最繁忙的水上通道，也是沿途几个国家的饮用水水源。

巴塞尔位于莱茵河湾和德法两国交界处，是瑞士第二大城市，也是瑞士的化学工业中心。1986 年 11 月 1 日深夜，位于瑞士巴塞尔市的桑多兹（Sandoz）化学公司的一个化学品仓库发生火灾，装有约 1250 吨剧毒农药的钢罐爆炸，硫、磷、汞等有毒物质随着大量的灭火用水流入下水道，排入莱茵河。桑多兹公司事后承认，共有 1246 吨各种化学物质被灭火用水冲入莱茵河，其中包括 824 吨杀虫剂、71 吨除草剂、39 吨杀菌剂、4 吨溶剂和 12 吨有机汞等。有毒物质形成 70 千米长的微红色飘带向下游流去。翌日，化工厂用塑料塞堵住下水道。八天后，塞子在水的压力下脱落，几十吨有毒物质流入莱茵河后，再一次造成污染。

事故造成约 160 千米范围内多数鱼类死亡，约 480 千米范围内的井水受到污染影响而不能饮用。污染事故警报传向下游瑞士、德国、法国、荷兰四国沿岸城市，沿河自来水厂全部关闭。德国由于莱茵河在境内长达 865 千米，是其最重要的河流，因而遭受损失最大。接近入海口的荷兰，将与莱茵河相通的河闸全部关闭。法国和西德的一些报纸将这次事件与印度博帕尔毒气泄漏事件、苏联的切尔诺贝利核电站爆炸事件相提并论。

这起事故不仅使瑞士本国蒙受重大损失，而且使沿途的德国、法国、荷兰等莱茵河沿岸国家受到不同程度地伤害。该事件发生后，法国环境部长于 12 月 19 日要求瑞士政府赔偿 3800 万美元，以补偿渔业和航运所遭受的短期损失、恢复遭受生态破坏的生态系统的中期损失、在莱茵河上修建水坝的开支等潜在损失。瑞士政府和桑多兹公司表示愿意解决损害赔偿问题，最后由桑多兹公司向法国渔民和法国政府支付了赔偿金。该公司还采取了一系列相关的改进措施，成立了一个"桑多兹—莱茵河基金会"，以帮助恢复因这次事件而受到破坏的生态系统，向世界自然基金会捐款730 万美元用于资助一项历时三年的恢复莱茵河动植物计划。

通过这次事件，有关国家加强了多边合作。法国、瑞士、德国共同成立了一个工作组以改进和完善信息交换系统和紧急联系机制，并就防止莱茵河污染事故和减轻污染损害需要采取的必要措施达成了一项协议。在事件余波中，有关方面还通过了一项关于该事件的决议（Commission, Bulletin of the European Commission No.11/1986），提出设计一本有关环境责任的绿皮书，同时声明，为了进一步保护莱茵河和其他运输通道，特别重要的是制定一个条例以规定补偿费用和环境损害的民事责任。1993 年 5 月1 日欧洲委员会发布了《关于补救环境损害的绿皮书》，其中涉及连带赔偿制度补救环境损害问题："连带赔偿制度是基于收费或特别税的财政结构"（Joint compensation systems are financial structures based on charges or contributions），"如果环境损害不能归因于责任方的活动（即责任方不能分清时）"如何应用连带赔偿制度的问题。但该绿皮书并不是一个具有法律约束力的文件。

江苏靖江"毒地"案

根据《北京青年报》的报道，2012 年年初，位于江苏省靖江市马桥镇的侯河石油化工厂注销，唐满华在原址翻建华顺生猪养殖场。2015 年 2 月，周建刚买下该养猪场。正式入驻后不久，周建刚突发皮肤病，去医院就诊后得知是环境刺激导致。经过调查，周建刚得知养殖场的前身是侯河石油化工厂，厂内深坑里埋有危险废物。

2015 年 7 月，周建刚向靖江市环保局、公安局等多家单位和媒体实名举报并于 9 月底在网上公开此事。

2015 年 9 月，泰州市、靖江市检察院主动与环保部门、公安机关沟通联系，结合专业检测机构的鉴定意见，将填埋的危险废物主要来源锁定为江苏长青农化有限公司等两家企业。

2015 年 9 月 27 日，靖江市公安局以"20150911 污染环境案"立案侦查。后经查明，长青公司将生产吡虫啉中产生的残渣补贴销售给侯河化工厂提炼处理，共计转移危险废物 1 万余吨。

2016 年 3 月起，经多次协商，最终促成涉案公司达成赔偿意向 1.9 亿元，并于 6 月 15 日正式签订环境修复协议。

靖江"毒地"还在疗伤。党的十九大报告明确指出，"构建政府为主导、企业为主体、社会组织和公众共同参与的环境治理体系。"这是新时代生态文明建设的号角，也是实现美丽中国的必由之路。

第六篇
不忘初心
生物绿色农药

在农药的发展过程中，人们逐渐意识到传统化学农药的弊端，如毒性大、难降解、长残留等。农药的研发方向也在逐步向着低毒、低残留转变。生物绿色农药是在绿色化学的基础上发展而来的，主要包括生物农药、化学合成类绿色农药等。

第十六章 农药生产使用的绿色转变

从定义上来看，绿色农药又叫环境无公害农药或环境友好农药，是指对防治病菌、害虫高效，而对人畜、害虫天敌、农作物安全，在环境中易分解，在农作物中低残留或无残留的农药。它是在绿色化学的基础上发展而来的，主要包括生物农药、化学合成类绿色农药等。绿色农药本身及其生产过程应具有以下特征：生产设计绿色化，合成方法符合"原子经济性"，有很高的生物活性，选择性高，对农作物无害，在土壤、大气、水体中无残留。

生物农药是指利用生物活体或代谢产物对有害生物进行防治的一类制剂。生物农药按其来源可分为微生物源、植物源、动物源、转基因作物和基因工程农药四大类。

绿色化学农药的特点是：超高效，药剂量少而见效快；高选择性，仅对特定有害生物起作用；无公害，无毒或低毒且能迅速降解。

生物农药具有生产原料来源广泛、对非靶标生物安全、毒副作用小、对环境兼容性好等特点，已成为全球农药产业发展的新趋势。但是生物农药受到研发成本高、起效慢、大面积快速防治时效果不理想等因素的限制，在近期内很难成为农药的主力军。而绿色化学农药由于具备成本低、起效快、可大规模生产等优点，仍是农药的主体，在我国尤其如此。从化学农药本身的发展趋势而言，绿色化学农药将进入一个超高效、低毒化、无污染的新时期。

此外，市场和政策也在共同驱动农药制剂加工技术向高效、环保、对环境友好的绿色制造转变。市场方面，迅速发展的**飞防**、大型施药器械的使用、**统防统治**等都对农药剂型、包装提出了新的要求，推进制剂加工的产业升级。政策驱动方面，国家提出到 2020 年我国农药化肥施用实现零增长的政策目标；即将出台的《农药行业大气污染物排放标准》对于生产中的粉尘和有害气体排放提出了严格要求；由原环境保护部、原农业部起草的《农药包装废弃物回收处理管理办法（征求意见稿）》已经于 2017 年 12 月公布。这都将促使制剂加工技术向高效环保、对环境友好的方向提升。近年来，对环境友好的水基化剂型如悬浮剂、水乳剂，物理型剂型如大粒剂等在农药剂型中的比例越来越高，水肥药一体化，拌种剂、包衣剂发展迅速，相关标准的制定都已提上议事日程。

飞防

通过通用飞机喷洒农药的一种大面积、短时期压低虫口密度的有效方法。

统防统治

农业中的"统防统治"是指对农业生产中某种普遍发生的虫害或病害进行统一防治。

第十七章 绿色农药的典型范例

▌低毒低残留农药：拟除虫菊酯类农药

一、拟除虫菊酯的研发历史

除虫菊（*Pyrethrum cinerariaefolium*）为菊科小黄菊属（*Pyrethrum*）植物，原产于中欧国家。大约在14—15世纪，人们发现了除虫菊的杀虫活性，并将其白色干燥花做成粉状物当杀虫剂使用。20世纪上半叶，人们从除虫菊花的正己烷抽提物中相继分离鉴定出一些化学成分，发现其中六个化合物具有显著的杀虫活性，即除虫菊酯Ⅰ、Ⅱ（pyrethrin Ⅰ、Ⅱ），瓜叶菊酯Ⅰ、Ⅱ（cinerin Ⅰ、Ⅱ），茉莉菊酯Ⅰ、Ⅱ（jasmolin Ⅰ、Ⅱ）。这类化合物均为淡黄色黏稠状液体，对光、热、空气及碱不稳定，对蚊、蝇等具有很好的毒杀作用。

从除虫菊花中提取除虫菊酯不但成本高，而且也满足不了各方面的大量需要。通过化学合成手段人工合成除虫菊酯，同时进一步通过改变、简化除虫菊酯的结构，寻找对哺乳动物安全性高、对害虫毒杀作用更强、具有广谱杀虫活性、更容易合成的杀虫剂，一直是人们研究与开发除虫菊酯类杀虫剂的主要目标。分析除虫菊酯的结构，可以发现这六个化合物是由两种结构类似的酸（第一菊酸和第二菊酸，chrysanthemic acid and pyrethric acid）和三种结构类似的醇（除虫菊酮、瓜菊酮和茉莉菊酮，pyrethrolone, cinerolone and jasmolone）形成的酯类化合物。所以当除虫菊酯的结构被确定以后，各国的学者就开始通过分别改变酸部分和醇部分的结构来筛选和寻找新的杀虫剂。1949 年，美国的 Schechter 和 LaForge 合成了第一个有强杀虫作用的拟除虫菊酯——丙烯除虫菊酯（allethrin），它的合成较天然除虫菊酯容易，而且其安定性及挥发性都比天然除虫菊酯好。迄今，丙烯除虫菊酯仍作为家庭用杀虫剂在使用。

受丙烯除虫菊酯研发成功的鼓舞，英、美、日等国的学者又进一步合成了一系列的拟除虫菊酯。其中，由英国 Rothamsted 研究所的 M. Elliott 等合成的苄呋菊酯（resmethrin）的致死作用是天然除虫菊酯的 20 倍。从苄呋菊酯的结构中可以看出这个拟除虫菊酯杀虫剂结构中醇的部分已作了较大的变动，成为 5- 苄基 3- 呋喃甲醇。1983 年日本住友化学工业会社的北村等合成的化合物——炔戊菊酯因在室温下具有较高的蒸汽压，已被开发成一种衣料用杀虫剂。

由于一些拟除虫菊酯分子中有不对称的碳原子，因而具有不同的立体结构（非对映异构体及对映异构体）的拟除虫菊酯化合物，其杀虫活性也不相同。随着不对称合成技术的发展，人们已能选择性地合成高纯度的拟除虫菊酯光学活性体。

拟除虫菊酯作为家庭用杀虫剂得到成功应用以后，人们逐步把目光转向农业方面。作为农业用杀虫剂，拟除虫菊酯必须满足生产成本低、在野外有足够长的有效期等要求。苄呋菊酯虽然是一种非常好的家庭用杀虫剂，但在田间使用却不能维持足够长的有效期。日本住友化学工业会社的鸭下及松尾等对拟除虫菊酯结构中醇的部分作了较大的改变，合成的拟除虫菊酯，如苯醚菊酯（penolthrin）和苯腈菊酯（cyphenolthrin），在田间使用时显示了较强的杀虫活性和较长的有效期。

同一时期，英国 Rothamsted 研究所的 M. Elliott 等也在从事光稳定性拟除虫菊酯的研究。他们对 1958 年 Farkas 等合成的 DV 酸进行了再评价，用不同的方法合成了一系列 DV 酸，通过和几种醇化合物缩合后制备了一系列拟除虫菊酯化合物，如二氯苯醚菊酯（permethrin）、氯氰菊酯（cypermethrin）和溴氰菊酯（deltamethrin）。其中，溴氰菊酯是一个单一的光学活性体，是目前为止所合成的除虫菊酯中活性最强的广谱杀虫剂。

已合成的这类拟除虫菊酯还包括化合物联苯菊酯、七氟菊酯等。其中，联苯菊酯（bifenthrin）具有显著的杀螨作用，七氟菊酯（tefluthrin）由于具有较高的蒸汽压和移动性，已被用来防治土壤害虫。

此外，除虫菊酯分子中的菊酸部分结构相对复杂，长期以来一直被认为是除虫菊酯类化合物的杀虫活性中心。菊酸中的环丙烷羧酸部分从合成角度来看比较困难，从而使生产成本居高不下；环丙烷异丁烯侧链的存在也使除虫菊酯在野外容易被光氧化，从而增加了除虫菊的不稳定性。通过大量的构效关系研究，日本住友化学工业会社筛选出了一些用来替代菊酸的化合物，同时研发上市了农业用杀虫剂氰戊菊酯（favalerate）。已合成的这类拟除虫菊酯还包括醚菊酯（etofenprox）等，由于醚菊酯具有较低的鱼类毒性，可用来防治水稻田害虫。

拟除虫菊酯的研究研发在 20 世纪 80 年代初达到了高峰。近年来，由于市场上一些新型杀虫剂的出现，拟除虫菊酯的发展已比较平缓，但纵观整个拟除虫菊酯的研究开发过程，无论是从植物农药开发的角度，还是从有机化学研究的角度来看，都是一个非常成功的例子。

二、拟除虫菊酯的作用原理

天然除虫菊酯和拟除虫菊酯都是强有力的杀虫剂。它们的中毒机制是神经毒性，不但对周围神经系统有作用，对中央神经系统也有作用，但几乎没有任何细胞毒性的特性。拟除虫菊酯的作用主要是在冲动产生区，对感觉器官的输入神经轴突特别有效，对突触没有作用。另外，拟除虫菊酯还显示出负温度系数作用，在低温时毒性更高。由于哺乳动物具有较高的体温，相比昆虫新陈代谢更慢，哺乳动物对菊酯类的敏感性低于昆虫类3个数量级。

电压门控钠离子通道对细胞的兴奋功能是至关重要的，它的作用是形成内向钠电流，从而在多数细胞中产生动作电位。拟除虫菊酯可减缓钠离子通道的激活和失活，降低钠离子通道关闭的速率，转向更加超极化的膜电位（使钠离子通道激活）。其结果是使钠离子通道在更加超极化的电位状态中开放且开放的时间更长，允许更多的钠离子通过去极化的中枢神经膜，从而造成神经兴奋性的传导障碍，出现中毒症状。

分子生物学研究表明，哺乳动物的钠离子通道是由一个 α 亚基和两个 β 亚基组成的。α 亚基的功能是在通道上形成一个孔，并决定着该孔的主要功能特性，而 β 亚基是辅助性蛋白质，影响膜上通道的特性，并和细胞骨架上的蛋白质发生相互作用。哺乳动物的电压门控钠离子通道的亚型，一般都包括糖基化和磷酸化修饰的位点。电压门控钠离子通道对钠离子具有高度的离子选择性。拟除虫菊酯与电压门控钠离子通道的结合点因不同的物种而表现出一定的差异，一般表现为减慢钠离子通道的极化和去极化的速度。钠离子通道上的多种功能特性，如放电动作的电位峰值、亚阈能的去极化放大等都是依靠潜在组合的 α 亚基和 β 亚基共同作用的结果。

广义上根据拟除虫菊酯的结构式中是否含有 α 氰基将拟除虫菊酯分为两个类型：Ⅰ型主要包括天然除虫菊酯和结构上不含 α 氰基的合成拟除虫菊酯；Ⅱ型为含 α 氰基的合成拟除虫菊酯。这两类菊酯作用于哺乳动物大鼠时，表现出的中毒特性并不相同。Ⅰ型菊酯对钠离子通道延长的时间小于 10 毫秒，仅仅是引起重复放电作用，产生的症状以震颤为主，伴随兴奋、多动、尖叫等行为，称为"T 型综合征"。Ⅱ型菊酯使钠离子通道延长大于 10 毫秒的时间，足以使膜电位去极化，使产生任何动作的潜力都是不可能的，产生的症状以痉挛和流涎为主，伴随咀嚼、抓挠等，称为"CS 综合征"。两种化合物对纳离子通道开放时间的延长不同是Ⅰ型菊酯和Ⅱ型菊酯中毒症状不同的根本原因。

三、拟除虫菊酯的杀虫药效

拟除虫菊酯农药的主要特点：① 杀虫活性高，它比一般的有机磷、氨基甲酸酯杀虫活性要高 1 ～ 2 个数量级；② 击倒速度快；③ 杀虫谱广；④ 对人畜急性毒性低。其缺点主要是对鱼类毒性高，对某些益虫也有伤害，长期使用会导致害虫产生抗药性，且内吸作用较差等。早在 1983 年，姜家良就发现至少有 24 种昆虫和螨对拟除虫菊酯产生了抗性。研究表明，拟除虫菊酯在使用 3 ～ 5 年后，家蝇对其表达的抗性高达 2265 倍。

四、拟除虫菊酯的环境影响

拟除虫菊酯农药是继有机氯、有机磷和氨基甲酸酯之后人工合成的生物活性优异的一类农药。随着部分高毒有机磷和氨基甲酸酯类农药在农业生产中禁用或限用，拟除虫菊酯农药在农业生产中的使用量在逐渐增加。拟除虫菊酯农药的大量使用，对生态环境有着不容忽视的负面影响。研究表明，拟除虫菊酯农药对家蚕、蜜蜂和鱼类等生物高毒，长期接触会诱发慢性病，具有潜在的环境雌激素活性和一定的繁殖毒性。

五、拟除虫菊酯的健康危害

随着拟除虫菊酯杀虫剂使用量的普遍增加，也开始显现出越来越多与之相关的健康问题。早在 20 世纪 90 年代，美国部分民众就已经注意到儿童暴露于含化学农药的环境中可能出现潜在的健康影响，因此美国《食品质量与安全条例》规定，在设定食品中农药残留限量时应考虑婴儿和儿童的累积暴露风险。现已知人类暴露于含拟除虫菊酯杀虫剂的环境中的急性症状有呼吸困难、咳嗽、支气管痉挛、恶心和呕吐、头痛等，并且也有皮肤变态反应。虽然暴露于含拟除虫菊酯杀虫剂的环境中的长期效应还不确切，但是已有研究表明，拟除虫菊酯杀虫剂是神经毒物，新生儿和成人暴露于此杀虫剂可能会产生发育神经毒性、生殖毒性和免疫系统毒性。

1. 神经毒性（Neurotoxicology）

拟除虫菊酯杀虫剂杀虫的基本作用原理是对电压敏感型钠离子通道的效应。研究报道，在停止暴露于含拟除虫菊酯杀虫剂的环境中很长一段时间后，动物依旧表现出持续性的行为和神经化学方面的改变。将新生大鼠暴露于含不同浓度的丙烯菊酯（Ⅰ型）的环境中，发现丙烯菊酯在新生小鼠体内对毒蕈碱胆碱能受体有剂量依赖性，并能造成永久性的毒蕈碱胆碱能受体改变和对成年大鼠肌肉活动能力的改变。另有研究发现，使用了三氟氯氰菊酯染毒的大鼠有潜在的逃避学习的多动行为，而使用溴氰菊酯的雌性和雄性大鼠则没有出现多动行为。

人群流行病学调查后发现，如果妇女在怀孕前或者在孕初期住在使用过拟除虫菊酯杀虫剂的地方，那么她们所生的孩子患自闭症谱系障碍和发育迟缓的概率将大大增加，得到其相对危险度的 OR 值在 1.7 ～ 2.3。因此可以推测，拟除虫菊酯杀虫剂是造成神经发育障碍的一个危险因素。

2. 生殖发育毒性（Reproductive and developmental toxicity）

生殖毒性与一些化学有害物质相关从而影响正常的生殖功能，这些有害因素作用于成年男性和孕龄女性的生殖系统，并造成其本身和子代的发育毒性。已有研究发现，拟除虫菊酯类杀虫剂可能是内分泌干扰物（EDCs）。氯氰菊酯和高效氯氰菊酯具有环境雌激素作用，进入人体和动物体后会模拟雌激素作用或改变雄激素活性。已有动物实验发现，氯氰菊酯和高效氯氰菊酯可产生明显的雄性生殖毒性。例如，成年雄性大鼠在用不同剂量的氯氰菊酯处理过后，其精液或睾丸中精子数量减少，生育能力下降，致使雌性大鼠产仔数减少。经氯氰菊酯染毒后，雄性小鼠睾丸重量减小，并有退行性改变，精子数量减少。研究发现，经氯氰菊酯处理的小鼠其精子头部出现异常，并呈剂量 - 反应关系。在对雌性小鼠的灌胃试验中发现，氯氰菊酯可以改变雌性小鼠的生殖器官，使卵巢、子宫的重量增加，并使阴道开口提前。

拟除虫菊酯杀虫剂虽然对哺乳动物的急性毒性较低，但是长期使用仍会对动物和人体的生殖系统有不同程度的危害，造成生育能力和质量下降，并可能危害后代的健康。

3. 免疫毒性与肿瘤（Immunotoxicology and tumor）

研究发现，拟除虫菊酯杀虫剂对免疫系统的保护有抵抗作用，并且可能造成淋巴结和脾脏的损害。拟除虫菊酯杀虫剂与肿瘤的关系，从细胞水平来说，癌症细胞中的间隙连接水平常趋向于低调节，并且已有证据表明间隙连接细胞间通信的缺失是造成癌变的重要步骤。而拟除虫菊酯杀虫剂中化学性质对细胞（小鼠胚胎成纤维细胞 Balb/c3T3）中的间隙连接有抑制作用，可以导致肝肿瘤，但早期的动物实验并未发现拟除虫菊酯杀虫剂有明显的致癌作用。

通过对 49093 名合成除虫菊酯杀虫剂施用者进行了农业健康研究（AHS）调查，最终得到的结论是，合成除虫菊酯与恶性肿瘤无联系，或者说，合成除虫菊酯与黑色素瘤、非霍奇金淋巴瘤以及直肠、肺等相关癌症无关联。

儿童对环境中有害因素有易感性，容易受到杀虫剂的危害，导致儿童肿瘤发生的危险率增加。急性淋巴细胞白血病（ALL）是儿童易患的恶性肿瘤之一。在上海进行的一项以医院为基本单位的病例 - 对照研究中，研究者将 176 名 0 ～ 14 岁患有 ALL 的儿童和 180 名有可比性的患儿配对后，将这些儿童尿液中的代谢物（3-PBA，顺式和反式 DCCA）进行了分析，检测了罹患 ALL 的儿童尿液中五项非特异性拟除虫菊酯杀虫剂代谢物作用，最终发现，ALL 患儿尿液中拟除虫菊酯杀虫剂的代谢物检出量明显高于对照组，由此推测，使用拟除虫菊酯杀虫剂可能增加儿童患 ALL 的风险。

虽然接触拟除虫菊酯杀虫剂可能增加免疫系统疾病和肿瘤的风险，但人类癌症与拟除虫菊酯杀虫剂的暴露资料却是有限的，还没有直接的证据显示拟除虫菊酯杀虫剂直接引发肿瘤，直到目前仍然存在相互矛盾的结果。

六、生产使用情况

拟除虫菊酯杀虫剂由于成本低、用量少、杀虫谱广及使用相对安全等优点，自 1978 年投放市场以来获得了广泛的应用。1987 年，全球的杀虫剂市场约为 61 亿美元，其中 25%（15 亿美元）为拟除虫菊酯。2010—2014 年拟除虫菊酯在全球杀虫剂销售额中排第二位，2009—2014 年全球杀虫剂销售额由 114.71 亿美元增长至 186.19 亿美元，拟除虫菊酯在杀虫剂销售额中的占比为 17.0% ～ 18.4%，销售额由 20.78 亿美元增长至 31.56 亿美元。2008—2014 年全球杀虫剂销售额前 15 位的品种中有 4 个拟除虫菊酯类杀虫剂，分别为高效氯氟氰菊酯、溴氰菊酯、氯氰菊酯、联苯菊酯。

高效氯氟氰菊酯是拟除虫菊酯类杀虫剂中的主要品种，2014年销售额增长至6.4亿美元。溴氰菊酯是安万特公司（现拜耳公司）在1977年首次研发的品种，20世纪90年代中期在美国获得批准，2014年销售额为3.6亿美元，在全球杀虫剂销售额中排第11位。氯氰菊酯1978年进入市场，在过去很长一段时间都是拟除虫菊酯类产品中的主导产品，2014年的销售额为3.5亿美元，在全球杀虫剂销售额中排第12位。联苯菊酯1986年进入市场，在21世纪初表现出了强劲的增长，主要是由于新登记、混配制剂和其在非农领域的增长，包括白蚁的防治。2014年联苯菊酯的销售额为2.6亿美元。氯菊酯是一类用途广泛、市场销售范围广的拟除虫菊酯类杀虫剂，由富美实公司开发，1977年上市。氯菊酯是研究较早的一种不含氰基结构的拟除虫菊酯类杀虫剂，是菊酯类农药中第一个出现适用于防治农业害虫的光稳定性杀虫剂。2008—2014年氯菊酯的销售额由1.2亿美元增长至2.2亿美元。氟氯氰菊酯是拜耳公司研发的产品，1980年上市。近年来，氟氯氰菊酯均以高效氟氯氰菊酯（β-cyfluthrin）产品销售，商品名为Bulldock。该产品在多种作物上均有登记，并且还用于公共卫生及动物卫生健康。2004年拜耳公司将氟氯氰菊酯在非农用途中登记，在美国用于防治白蚁，商品名为Tempo Ultra；Gustafson公司将其登记用于粮食储藏，商品名为Storcide。氟氯氰菊酯2008—2014年全球销售额由1.2亿美元增长至2.15亿美元。

转基因作物农药：草甘膦

一、草甘膦的发明历史

1971 年美国孟山都（Monsanto）公司研发了在世界农业中具有划时代意义的广谱除草剂草甘膦（Glyphosate），又在 70 年代中后期推出了草甘膦异丙胺盐、胺盐与钠盐。英国帝国化学工业集团（ICI）于 1989 年推出三甲锍盐。目前，草甘膦是世界上应用最广、产量最大的农药品种。近年来，随着转基因抗草甘膦作物的发展，草甘膦用量逐年增加，不仅影响新品种的研发，而且对现有除草剂品种的市场格局也造成较大冲击。

二、草甘膦的作用原理

草甘膦是唯一以植物叶绿体中 5- 烯醇式丙酮酰莽草酸 -3- 磷酸合成酶（5-enolypyruvylshikimate-3-phosphate synthase, EPSPS）为靶标的除草剂。EPSPS 广泛存在于植物和一些真菌及细菌体内，是莽草酸代谢途径的第六个酶。莽草酸代谢途径对植物的生长点极其重要，它贡献了植物体干重生物量的 35% 以上。在莽草酸代谢途径中，EPSPS 负责催化磷酸烯醇丙酮酸（PEP）和磷酸莽草酸（S3P）生成 5- 烯醇式丙酮酰莽草酸 -3- 磷酸（EPSP）。这个步骤是植物细胞合成芳香族氨基酸（色氨酸、酪氨酸和苯丙氨酸）并最终合成激素和许多次生代谢物，如类黄酮、木质素、泛醌、维生素 K、植物保卫素和其他酚类化合物的关键。草甘膦的作用机理是一方面以竞争 PEP 和非竞争 S3P 的方式同植物体内 EPSPS 进行绑定，形成结构稳定的 EPSPS-S3P- 草甘膦复合物，从而使 EPSPS 失活，大量碳源流向 S3P，进而造成莽草酸在组织中快速积累；另一方面，蛋白质生物合成所必需的芳香族氨基酸的合成严重受阻，最终导致植物生长受到抑制。

然而，草甘膦是如何通过抑制莽草酸途径杀死植物的至今仍不十分清楚。许多研究认为蛋白质合成所需芳香族氨基酸的缺乏是草甘膦作用的最初影响，这符合草甘膦作用缓慢的特点。同时，大量碳源流向莽草酸途径必然导致其他基本代谢所需碳源的匮乏，引起植物体内代谢的紊乱。大量证据已经表明草甘膦对其他许多生理生化过程都有明显的影响，如降低光合作用效率，导致叶绿素降解，抑制叶绿素和胡萝卜素合成，减少光合作用和光呼吸

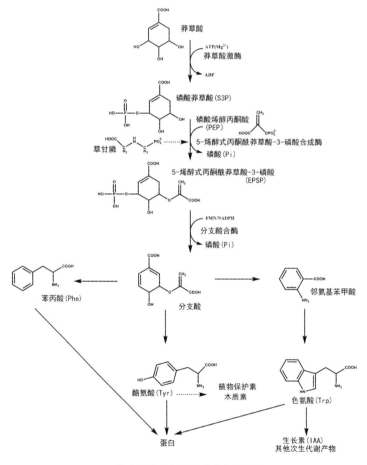

莽草酸途径和草甘膦的作用位点

蛋白丰富度，抑制铁还原酶（ferric reductase）活性，抑制生长素传导和增加生长素氧化等。有研究显示，草甘膦处理甜菜叶片后，叶片中 1,5- 二磷酸核酮糖（RuBP）含量急剧下降，气孔导度迅速减小，碳同化完全停止，光合作用效率显著降低，但是对蔗糖的合成和转运没有影响。来自非草甘膦抗性玉米的结果表明，随着草甘膦使用浓度的增加，叶绿素含量、株高和干生物量逐渐降低。草甘膦能够和一些金属离子（如 Mg^{2+}）发生螯合，引起一些酶结构和功能的改变，可能是叶绿素合成受阻的重要原因。也有其他研究者发现，草甘膦抑制转基因大豆（抗草甘膦）光合作用并导致生物量和谷物产量减少的原因在于它显著降低了大豆的叶面积及根茎对营养的吸收和积累。此外，草甘膦也被证明能够抑制核酸的生物合成。

三、草甘膦的除草药效

草甘膦是一种非选择性、无残留灭生性除草剂，对多年生根杂草非常有效，广泛用于橡胶、桑、茶、果园及甘蔗地。草甘膦是通过茎叶吸收后传导至植物各部位的，可防除单子叶和双子叶、一年生和多年生、草本和灌木等40 多科的植物，各种杂草对草甘膦的敏感程度不同，因而用药量也不同。

四、草甘膦的环境影响

1. 对土壤环境的影响

草甘膦进入土壤有多种途径，如：田间施药时直接进入土壤；附着在农作物上随雨水或被风吹落进入土壤；进入大气中沉降或随降雨进入土壤。草甘膦会使土壤微生物、土壤动物、土壤理化性质发生改变。

土壤中的微生物对土壤结构的形成和土壤矿物质、有机质的分解等都有一定的影响。土壤微生物能够把空气中的氮气转化为固态氮，为土壤植物提供氮肥。草甘膦的施用不仅会影响微生物的生长，也会间接影响微生物对土壤的分解、转化，最终影响土壤的肥力以及植物的生长。

土壤动物生活在土壤中，通过分解土壤中的有机质、动物粪便、动物尸体为生。蚯蚓是土壤动物里具有代表性的无脊椎动物，以土壤中腐败有机质为食，活动在土壤中，使土壤的透气性增加。草甘膦对蚯蚓的急性毒性低，但关于慢性毒性的研究很少。

土壤的理化性质影响着土壤的耕种方式，包括土壤的pH值、有机质含量、通气性等指标。不合理地使用草甘膦会使土壤硬化、肥力减弱、有盐碱趋势。

2. 对水生生物的影响

草甘膦进入水环境有多种途径，如：直接喷洒进入；通过土壤地表径流进入；喷洒到空气中随降雨或沉降进入；因不规范地清洗喷洒草甘膦的用具而进入。不仅在中国，西班牙、奥地利的自然水体中都检测出了草甘膦。水生态中常见的生物是藻类、溞和鱼类，这三种生物又组成了一条食物链，草甘膦对这些生物都有一定的影响。

藻类是水体中最常见的原生生物，当草甘膦进入水体后，首先受影响的就是藻类。草甘膦异丙胺盐对微囊藻的 EC_{50} 值为 0.941 毫克／升，对四尾栅藻的 EC_{50} 值为 7.25 毫克／升。草甘膦还具有一定的雌激素效应，对鱼类卵黄蛋白原基因产生诱导影响。

五、草甘膦的健康危害

1. 肝毒性

体外和体内试验都已证明，肝脏是草甘膦主要的靶器官之一。外源性化学物质经过各种途径进入机体后，均可通过血液循环到达肝脏。用 60 ～ 180 毫克／升的草甘膦制剂处理人 L-02 肝细胞，可致其存活率下降，细胞膜的通透性和完整性改变，诱发细胞核、线粒体损伤，使细胞产生凋亡和坏死。草甘膦对肝细胞具有明显的损伤作用，作用机制可能与草甘膦导致肝细胞氧化损伤、线粒体崩溃等有关。有人认为其在肝细胞线粒体中氧化磷酸化的脱偶联中起重要作用，导致氧化磷酸化受阻、能量转化受阻，细胞缺少能量后坏死、凋亡，从而引起机体的损伤。

2. 内分泌毒性

研究发现，草甘膦不仅可以减少人类胎盘 JEG3 细胞色素 P450 芳香酶的活性，还对相关还原酶起抑制作用，是一个潜在的环境内分泌干扰物。用转基因作物中允许草甘膦残留量的 1/800 水平作用于人类细胞，发现草甘膦有抑制雄性激素分泌和导致部分的 DNA 损伤的作用。

3. 生殖毒性

将草甘膦相关试剂作用于人的脐带、胎儿与胎盘细胞，所有的细胞在24 小时内全部死亡。导致细胞全部死亡的剂量相当于食物中残留的草甘膦剂量，比农业允许施用的剂量水平低很多。草甘膦主要是通过抑制线粒体琥珀酸脱氢酶的活性和释放细胞质内腺苷酸激酶引起细胞膜的破裂，或通过激活 **caspase-3** 或 **caspase-7** 途径诱发细胞凋亡。荧光染色发现草甘膦处理的细胞出现 DNA 碎片、核固缩等现象。

4. 致癌性

调查发现多发性骨髓瘤的发生与草甘膦的喷洒有关，相对危险度增加了 0.8。瑞典和加拿大的研究发现，草甘膦的暴露与非霍奇金淋巴瘤发生率有关。在厄瓜多尔进行的一项研究发现，居住在草甘膦喷

caspase-3

细胞凋亡过程中最主要的终末剪切酶，也是 CTL 细胞杀伤机制的重要组成部分。

caspase-7

与 caspase- 3 具有相近的底物和抑制剂特异性的终末剪切酶。

洒区域或靠近该区域边界的人们，与居住在喷洒区边界 80 千米外的人们相比，前者发现较高程度的 DNA 损伤。另外，还有草甘膦可诱发皮肤癌的报道。

5. 其他毒性

人摄入少剂量的草甘膦可刺激口腔黏膜、咽喉，会出现轻微、短暂的胃肠功能损伤。职业暴露于草甘膦的人群有眼部和皮肤刺激症状，还有诸如心动过速、血压升高、恶心和呕吐的症状。摄入量 >85 毫升（41% 水剂）会有胃肠道腐蚀和上腹部疼痛，肾和肝损伤也较为常见。经口服中毒的严重病例，可出现心、肝、肺、肾损伤的临床表现，主要死因是呼吸衰竭、休克及肾功能衰竭。临床表现为器官灌注减少，出现呼吸窘迫、神志不清、肺水肿、胸部 X 光片异常、休克、心律失常、代谢性酸中毒及高钾血症。

草甘膦喷雾吸入可能会导致口腔或鼻腔不适、口腔有异味、喉部有刺痛和发炎。有研究表明，草甘膦的使用和鼻炎的发生率有关；眼睛接触草甘膦可导致轻微的结膜炎；皮肤接触可以引起刺激和偶见皮炎。

六、草甘膦的生产使用情况

自 1974 年在美国登记注册以来，至今已在世界 100 多个国家登记注册，登记作物已达 50 种以上，成为全球作物保护市场中最大的农药品种。1996 年，耐草甘膦转基因作物进入市场，草甘膦的用量增加，2011 年草甘膦原药需求量接近 60 万吨。未来随着耐草甘膦转基因作物种植面积的增大，草甘膦的作用仍不可取代。

生物源农药：苏云金杆菌

一、苏云金杆菌的发现历史

1911 年，德国南部一个叫苏云金的小城镇上，一家面粉加工厂发生了一件怪事。怪事发生在一种叫地中海粉螟的仓库害虫身上，平时粉蛾飞舞，幼虫在面粉中爬来爬去，然而这一天却有人发现那些小爬虫突然卷曲死亡。这件事引起了生物学家贝利纳（E.Berliner）

的注意，经过艰辛的努力，贝利纳从虫尸中分离出了引发害虫死亡的杆状细菌。四年以后克林诺又发现，在细菌的芽孢形成后不久，还会形成一些正方形或菱形的晶体，可惜这个发现未被重视。1953 年，汉纳证明了这种晶体是有毒的蛋白晶体，粉螟幼虫自然死亡的原因不言自明了。这种细菌以发现的地方得名，被称为苏云金杆菌。

二、苏云金杆菌的作用原理

苏云金杆菌（*Bacillus thuringiensis*，简称 B.t.）是一种生物源杀虫剂，它是单基因表达的产物，以胃毒作用为主，主要用于防治直翅目、鞘翅目、双翅目、膜翅目，特别是鳞翅目的多种害虫。苏云金杆菌可产生内毒素（即伴孢晶体，ICP）和外毒素（又分 α、β 和 γ 外毒素）。内毒素是主要毒素，在昆虫的碱性中肠内被降解为活性的多肽片断（ICP 的毒性片断包含三个不同的结构域），可使肠道在几分钟内麻痹，昆虫停止取食，并使肠道内膜破坏，使杆菌的营养细胞极易穿透肠道底膜进入昆虫血淋巴，最后昆虫因饥饿和败血症而死亡。每一种苏云金芽孢杆菌可同时含有多种杀虫基因，从而使其杀虫活性具有多样性。外毒素作用缓慢，它能抑制依赖于 DNA 的 RNA 聚合酶的作用，而在蜕皮和变态时起作用，影响 RNA 的合成。

目前已知的苏云金杆菌有 30 多个变种，杀虫谱广，能防治上百种害虫，对鳞翅目幼虫特别有效。

三、苏云金杆菌的杀虫药效

据上海市蔬菜技术推广站用生绿苏云金杆菌粉剂（16000 国际单位 / 毫克），亩用 30 克、50 克和 70 克防治小菜蛾，施药后七天的平均防效分别为 74.4%、82.1% 和 90.3%。苏云金杆菌与其他杀虫剂混用后，不仅能提高防治效果，还能降低化学农药用量，保护了天敌。1999 年武汉市蔬菜所用 2% 的苏齐（苏云金杆菌 + 阿维菌素）可湿性粉剂开展防治小菜蛾田间药效试验，分别设 1000 倍液、2000 倍液和 3000 倍液，施药一天的平均防效分别为 78.98%、69.4% 和 67.69%；施药后三天的平均防效分别为 94.01%、93.41% 和 90.93%；施药后七天的平均防效分别为 85.95%、84.72% 和 82.72%；施药后十天的平均防效分别为 79.23%、75.45% 和 71.76%。

四、苏云金杆菌的环境影响

由于苏云金杆菌源于昆虫病原细菌的活体，在环境中参与能量与物质循环，在对作物施药后对水体、土壤、大气都不会产生污染，也不会在作物中残留，更不会产生生物富集等现象。

五、苏云金杆菌的健康危害

1995 年有报道称苏云金杆菌杀虫剂的生产菌株能产生腹泻型肠毒素。此后的许多研究也证实肠毒素基因在苏云金杆菌中是广泛存在的，而且是有表达活性的。2000 年的一项研究调查了 24 个血清型的 74 个苏云金杆菌菌株，包括各种商业化生产菌株，除一株外，其他菌株的发酵液对 Vero 细胞表现出的毒力均与引起食物中毒的蜡状芽孢杆菌相当。还有报道称，部分因蜡状芽孢杆菌引起食物中毒的事件，经过仔细分析发现实际上是苏云金杆菌。2005 年对一些即食食物进行调查发现：用传统方法检测的蜡状芽孢杆菌中有相当数量的（70%）菌株是苏云金杆菌，而且某些菌株的表型及基因型特征与某商业化菌株相同，极可能是来自杀虫剂的污染。

这很可能会成为一个很严重的问题，因为苏云金杆菌生物杀虫剂已经在世界各国得到了非常广泛的应用，然而常规蜡状芽孢杆菌的鉴定方法是无法区分这两种微生物的，可能有些食物中毒的爆发是由苏云金杆菌引起的，但未被鉴定出来。

六、苏云金杆菌的生产使用情况

国际上已商品化的生物农药约 30 种，以苏云金杆菌居主要地位，已有产品数百种，占整个生物农药市场的 70% 以上。1997 年的销售额就达 9.84 亿美元，其中半数在美国。

美国是苏云金杆菌销售大国，1988 年销售额为 0.6 亿美元。自 1996 年美国首先种植转苏云金杆菌作物以来，它不仅大幅度降低了杀虫剂用量，而且提高了经济性和环境效益。至 2004 年，苏云金杆菌玉米和苏云金杆菌棉花在 9 个国家的种植面积达 2.2 亿亩，这两种苏云金杆菌作物在美国的种植面积约占全球总种植面积的 57%。2005 年全球销售额 1.0 亿美元，而 2007 年苏云金杆菌销售额稍有下降，为 0.95 亿美元。

我国 20 世纪 60 年代开始研发苏云金杆菌，到 2001 年年产量超过 3 万吨。1995 年从美国孟山都公司引进 33B 系列保铃棉，1998 年国产抗虫棉研制成功并产业化，以其良好的杀虫效果不仅提高了单位产量，而且极大地降低了农药使用量，为促进我国棉花生产起到了重要作用。虽然苏云金杆菌制剂在国内作为一种对人畜安全、无环境污染的生物杀虫剂，在农、林害虫的防治中发挥了重要作用，但在实际应用中仍存在一定的局限性。

很多因素限制了苏云金杆菌的市场，其中主要的因素是使用时间。苏云金杆菌使用时必须是害虫的取食期，它对多数害虫的有效敏感期在初孵至 1 龄阶段，害虫到 2 ~ 3 龄后，其药效将普遍下降。其他因素还包括药效期较短，杀虫速度相对较慢，对害虫的控制力度不强，在害虫大面积发生时往往难以奏效，而且产品易被雨水冲刷，光照下易分解，所以必须要多次使用。为了提高苏云金杆菌制剂的防治效果，常常将其与化学杀虫剂混合使用，以提高防治效果，也可减少化学杀虫剂对环境的污染，还可避免长期大量单一使用化学杀虫剂而使害虫产生抗药性。

生物化学农药：阿维菌素

一、阿维菌素的发现和伊维菌素的诞生

阿维菌素的发现者大村智教授是日本北里研究所抗生物质研究室室长。1973年，北里研究所与美国默克研究所建立合作关系。1974年，大村智从静冈县伊东市川奈（Kawana）高尔夫球场附近收集的土壤样本中分离出了一种新的链霉菌属放线菌，并将其与另外53个有活性潜力的菌株样本一同寄往默克研究所。1975年，美国科研人员通过一系列活性筛选发现这一菌株培养基对寄生虫 *Nematospiroides dubius* Baylis 感染大鼠表现出显著的活性，并将其鉴别并定名为 *Streptomyces avermitilis* Kim & Goodfellow（阿维链霉菌、除虫链霉菌、灰色链霉菌）。2002年，大村智团队通过形态、生理、生物化学与分类学的系统研究将其重新命名为 *Streptomyces avermectinius*（阿维链霉菌）。

在后续的研究中，默克研究所的 Thomas W. Miller 使用色谱方法从菌株培养基中分离得到了一类母体骨架含有16元环的大环内酯类化合物——阿维菌素，其中包含八个组分。同时，William C. Campbell 对其中量最高、活性最强的阿维菌素 B_{1a} 进行了更加详细的研究，发现其对多种动物寄生虫及昆虫类、蛛形类生物均表现出很强的活性。1979年，大村智团队、Miller 团队与 Campbell 团队分别进行了微生物的分离、鉴别与培养，活性化合物的提取分离与色谱鉴定，以及阿维菌素 B_{1a} 的活性三方面研究，并发表了以 *Avermectins，new family of potent anthelmintic agent* 为主题的三篇论文。阿维菌素的发现标志着一类全新的对人体内外寄生虫均有杀灭作用的"内外杀虫药"（endectocides）的诞生。两年后，默克研究所的团队又报道了阿维菌素结构鉴定的结果。

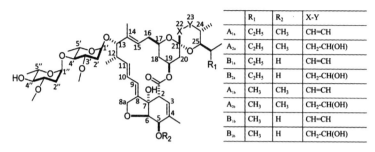

	R_1	R_2	X-Y
A_{1a}	C_2H_5	CH_3	CH=CH
A_{2a}	C_2H_5	CH_3	CH_2-CH(OH)
B_{1a}	C_2H_5	H	CH=CH
B_{2a}	C_2H_5	H	CH_2-CH(OH)
A_{1b}	CH_3	CH_3	CH=CH
A_{2b}	CH_3	CH_3	CH_2-CH(OH)
B_{1b}	CH_3	H	CH=CH
B_{2b}	CH_3	H	CH_2-CH(OH)

阿维菌素的化学结构

之后，Campbell 团队继续对阿维菌素进行结构修饰与活性测定，Jack Chabala 博士将阿维菌素 B_{1a} 和 B_{1b} 的 C-22, 23 双键进行了还原，得到还原后的产物 22,23- 双氢阿维菌素 B_1 混合物（22,23-dihydroavermectin $B_{1a,b}$，其中 $B_{1a} \geqslant 80\%$，$B_{1b} \leqslant 20\%$）。实验发现，还原产物具有抗虫谱更广和更高的安全性。Campbell 将 22,23- 双氢阿维菌素命名为伊维菌素。1981 年，阿维菌素与伊维菌素被默克公司商品化并广泛应用于农业、畜牧业和医药行业，并取得了巨大成功。

三(三苯基膦)氯化铑，氢气（1大气压）
苯乙烯，25℃，18小时，85%

阿维菌素　B_{1a} : R=CH_2CH_3
　　　　　 B_{1b} : R=CH_3

伊维菌素
22, 23-二氢阿维菌素 $B_{1a,\ b}$
$B_{1a} \geqslant 80\%$，$B_{1b} \leqslant 20\%$

从阿维菌素 B_1 衍生成为伊维菌素的反应

1991 年美国默克公司在我国获得临时登记，这是阿维菌素首次在我国登记。

20 世纪 80 年代末我国先后三次将阿维菌素的研发作为国家"七五"、"八五"和"九五"的重点科技攻关项目，经过十几年的科技攻关及多次更换菌种和发酵技术，发酵水平大幅度提高，降低了生产成本，阿维菌素 95% 原药生产达到国际先进水平。1994 年首家国内企业——北京市北农奇克农药厂登记了 1.8% 阿维菌素乳油（商品名爱福丁），1996 年浙江海正化工股份有限公司首次取得了阿维菌素原药的登记，同年河北威远生物化学有限公司也取得原药登记，成为最早的两家原药生产企业。但随后阿维菌素的生产能力速度发展。据统计，1999—2000 年就有 23 个省、市的 145 个企业登记产品 208 个厂次（单剂 55 个、复配制剂 153 个）。至 2003 年上半年，323 家企业累计登记了制剂 614 个厂次（单剂 180 个厂次、复配制剂 434 个厂次），有 36 个复配组合类型，仅阿维·高氯就登记了 79 个厂次。目前，国内已经形成相当规模的生产能力，全国有 9 家企业登记了原药，原药产能超过 300 吨，生产能力已经超过了目前国内需求，大量原药产品出口国外。

2015 年，日本科学家大村智、爱尔兰科学家 William C. Campbell 因研发抗寄生虫特效药物阿维菌素（avermectin）和伊维菌素（ivermectin）做出的巨大贡献与发现青蒿素的我国科学家屠呦呦教授共同分享了当年度的诺贝尔生理学或医学奖。

二、阿维菌素作用原理

阿维菌素是一种利用土壤微生物阿佛曼链霉菌（*streptomyces avermitilis*）经大罐液体发酵后提取的代谢产物，是阿维菌素 B_{1a} 和 B_{1b} 的混合物，$B_{1a} \geqslant 80\%$，$B_{1b} \leqslant 20\%$。阿维菌素是我国确认的通用名称，国际通用名为 abamectin。阿维菌素是生物发酵产品，组分比较复杂，原药为

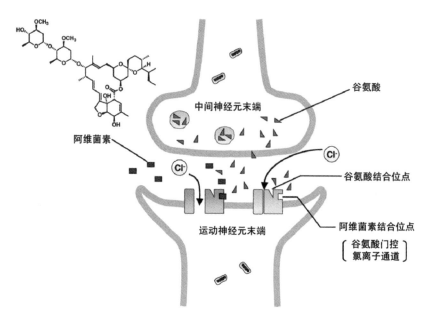

阿维菌素在线虫神经突触的作用模式

白色或黄白色结晶粉，有效成分含量 75% ~ 80%，微溶于水，易溶于有机溶剂，常温下不易分解。

药理研究表明，阿维菌素是神经递质 γ- 氨基丁酸（*gamma*-amino butyric acid，GABA）激活剂，能够阻断寄生虫神经信号传递使其麻痹致死；同时，还能够作用于寄生虫的谷氨酸门控氯离子通道（glutamate-gated chloride channels），通过阻碍作用导致大量氯离子流入中枢神经细胞，影响中枢神经递质传递，引发麻痹而最终死亡。因吸虫和绦虫不具有 GABA 神经传导递质和谷氨酸门控氯离子通道，所以阿维菌素对其无杀灭作用。

哺乳动物体内，GABA 存在于中枢神经系统，而血脑屏障能够阻止阿维菌素进入其中，因此阿维菌素对于哺乳动物是相对安全的。阿维菌素的作用机制与一般杀虫剂不同，对于那些对常用农药产生耐药和抗药性的害虫具有良好的功效，同时其效用时间长、使用量较少，在日光下能够迅速分解，因此对人、畜和生态环境有较高的安全性。

螨类成虫、若虫和昆虫幼虫与阿维菌素接触后即出现麻痹症状，不活动、不取食，2 ~ 4 天后死亡。因不引起昆虫迅速脱水，所以阿维菌素致死作用较缓慢。有关阿维菌素进入寄生虫体内的机制目前尚未完全阐明。已有研究表明，对于许多肠道线虫和丝虫而言，两者对阿维菌素的摄取经表皮吸收和经口两种途径起着同等重要的作用；对于吸血寄生虫，如捻转血矛线虫（*Haemonchus contorus*）和节肢动物而言，经口吸收则是药物进入虫体的主要途径。正因如此，阿维菌素对吸血虱（*Haematopinus eurysternus*, *Linognathus vituli*）的驱杀要强于对食毛虱（*Damalinia bovis*）的作用。螨对药物的摄入主要是通过食入含药的血液。

阿维菌素对吸虫和绦虫无效，研究者认为这与吸虫和绦虫缺少 GABA 神经传导介质有关。阿维菌素对无脊椎动物有很强的选择性，这与其药代动力学和药效学特征有直接关系。

三、阿维菌素和伊维菌素的杀虫药效

20 世纪 70 年代，世界卫生组织的工作人员在非洲统计流行病时发现在西非一些地域约有 10% 的人及近半数的 40 岁以上男性都是盲人，另外约 30% 的人均有不同程度的视力问题，大多数年幼儿童存在剧烈的皮肤瘙痒、皮肤结节、脱色等症状。受影响的国家大约有 36 个，近 2 亿人口生活在此病流行地区。由于这种疾病多发在沿河两岸地域，因此被称为"河盲症"（river blindness）。经过研究发现，这一疾病是由一种叫作盘尾丝虫的寄生虫引发的，又名盘尾丝虫病（onchocerciasis）。这种寄生虫通过生活在非洲热带的吸血黑蝇叮咬皮肤而传染，成虫可以在人体内存活 15 年之久，其产出的幼虫称为微丝蚴（microfilariae）。病原体微丝蚴能够寄生于人体皮下组织中淋巴管会合处，会引起局部炎症反应和纤维组织增生。微丝蚴死亡时，感染者会产生剧烈的炎症反应，出现奇痒和各种皮肤病变。有些感染者会出现眼睛病变，最终发展为视力受损直至永久失明。

为了解决这一严重问题，世界卫生组织、世界银行（WB）、联合国开发计划署（UNDP）与联合国粮食及农业组织四个联合国机构于 1974 年在西非 11 国联合开展了盘尾丝虫病控制计划（Onchocerciasis Control Program），防治人口达 3000 万人，涉及区域面积逾 120 万平方千米。

起初，工作人员期望通过在黑蝇繁殖地喷洒杀虫剂来控制"河盲症"的传播，但执行数年却收效甚微，有的地区还出现了对杀虫剂产生耐药性的黑蝇。与此同时，Campbell 在进行伊维菌素活性研究过程中，发现其能够杀死马颈盘尾丝虫（*Onchocerca cervicalis*）幼虫，它是导致"河盲症"的盘尾丝虫（*Onchocerca volvulus*）的近亲，因此默克公司的研究团队开始了伊维菌素是否能够用于治疗"河盲症"的研究。

1981—1982 年，默克研究所杰出的寄生虫学家 Mohammed Aziz 博士首先进行并成功完成了伊维菌素的人体实验，证明"河盲症"患者使用伊维菌素后症状痊愈，体内微丝蚴基本消除；对于感染淋巴丝虫病（lymphatic filariasis，又名象皮病，elephantiasis）的患者，伊维菌素也有明显的改善作用。由于此类寄生虫疾病主要发生在非洲和拉丁美洲的贫困国家，多数患者缺乏购买药品的能力，默克公司与大村智教授均同意放弃人用伊维菌素药销售中的专利收益。经过包括默克公司、世界卫生组织、卡特中

心（Carter Center，由美国前总统 Jimmy Carter 夫妇成立的非营利组织）
在内的多方国际合作，人用伊维菌素终于于 1987 年在法国上市，商品名
为 Mectizan。同年，已成为默克公司 CEO 的 Roy Vagelos 宣布开展伊维
菌素捐赠计划（Mectizan Donation Program，MDP）。自 1987 年以来，
默克公司已在 30 多个国家捐赠了超过 25 亿片伊维菌素。截至 2015 年，
已有近 15 亿人通过使用伊维菌素治疗了盘尾丝虫病。目前，非洲西部的
盘尾丝虫病已被根除；至 2016 年 9 月，拉丁美洲的危地马拉、墨西哥、
厄瓜多尔与哥伦比亚四国也已经彻底消除了这一疾病（MDP 官方网站数
据，http://www.mectizan.org）。

随着研究的继续深入，阿维菌素的重要衍生物——伊维菌素的其他活
性也不断被发现，如可用于治疗链尾线虫病（streptocerciasis）、蝇蛆病
（myiasis）、旋毛虫病（trichinosis）等。伊维菌素对于疟疾、利什曼病
（Leishmaniasis）、锥体虫病（trypanosomiasis）以及臭虫等昆虫引发的疾
病也有一定的治疗作用。目前伊维菌素的抗病毒、抗结核、抗癌活性的研
究也在进行中。此外，伊维菌素对于白血病的治疗效果也有报道。这些研
究成果非常有望进行临床试验，为人类健康做出更大的贡献。

阿维菌素自身的杀虫药效主要体现在以下几个方面：

（1）阿维菌素对动物寄生虫的驱杀效果。大量的药效研究表明，阿
维菌素对动物（如牛、绵羊、猪、马、犬）主要消化道线虫的成虫及各期
幼虫都有良好的驱杀效果。对牛肺线虫—胎生网尾线虫（D. viviparus）即
使用药剂量很低也有极强的驱杀作用，但对古柏属和细颈属线虫的驱杀效
果相对较弱，需用较高剂量才能获得较好效果，其原因目前尚不清楚，但
可能与虫体的快速免疫有关。阿维菌素对许多节肢动物，如吸血虱、疥螨、
痒螨和各期牛绳都有很强的驱杀作用，但对蠕形螨效果较差。

（2）阿维菌素对植物虫害的防效。阿维菌素对螨类和昆虫具有触杀和胃毒作用，无内吸性，但有较强的渗透作用，药液喷到植物叶面后迅速渗入叶肉内形成众多的微型药囊，并能在植物体内横向传导，杀虫（螨）活性高，用药量仅为常用农药的 1% ~ 2%，对胚胎未发育的初产卵无毒杀作用，但对胚胎已发育的后期卵有较强的杀卵活性。对抗药性害虫有较好的防效，与有机磷、拟除虫菊酯和氨基甲酸酯类农药无交互抗性，残效期10 天（一般对鳞翅目害虫的有效期为 10 ~ 15 天，害螨为 30 ~ 40 天）以上，具有高效、广谱、害虫不易产生抗性、对天敌较安全等特点。

四、阿维菌素的环境影响

1. 抗性风险

阿维菌素是高效广谱的生物源农药，在害虫及害螨防治中广泛应用。但随着连续多年的重复使用，害虫、害螨对其抗药性发展也日趋严重。自1995 年首次报道马来西亚田间小菜蛾种群对阿维菌素产生抗性以来，相继在巴西、阿根廷又报道了马铃薯块茎蛾也产生了抗药性。近年来在我国台湾、云南通海县、浙江温州和金华、福建泉州等地都有关于小菜蛾对阿维菌素产生抗药性的报道。此外，还发现三叶草斑潜蝇和德国蜚蠊种群对阿维菌素都有一定的抗性。因害虫、害螨对阿维菌素的抗性机制涉及多种因素且由多组基因控制，一旦产生便难以恢复药物敏感性，因此虫螨对阿维菌素产生抗药性后治理难度很大。

2. 环境生物毒性

阿维菌素对鱼类、蝌蚪等水生生物，蜜蜂、家蚕等陆生生物高毒，对农田生态系统有较大风险。通常情况下，阿维菌素对大多数害虫表现为高效，正常使用不仅对人畜安全，还不伤害天敌，且不破坏生态。但是随着阿维菌素在田间的大规模重复使用，以及由于抗药性的上升而不断提高用药量，其对水生生物的安全性应引起高度关注。

3. 生物胁迫

对于土壤环境而言，我国的蔬菜生产一般常年连茬种植，复种指数高，每一茬蔬菜生产中往往会多次使用阿维菌素防治虫害，使蔬菜地的土壤系统可能常年处于阿维菌素的胁迫状态下，从而对土壤微生物和无脊椎动物（如蚯蚓）产生影响。实验发现，阿维菌素对多种土壤微生物和蚯蚓有着不同程度的影响，并对土壤中的细菌、放线菌、真菌有明显的抑制作用，进而对土壤生态系统产生影响。

对于水环境而言，阿维菌素进入动物体内后绝大部分仍以原型药的形式排出体外。因此，在水产养殖中，无论是采用药浴还是肌肉注射、口灌，阿维菌素最终均能进入水体中并快速扩散至整个水环境，对水生动植物、水体及底泥中的各种微生物产生作用，进而影响整个水生态系统的稳定性。

阿维菌素在水体中有多种降解途径：水体表层中的阿维菌素在光照条件下快速分解，水体中的阿维菌素可以被水生动植物吸收或吸附。但由于水中溶解度小，沉积物对阿维菌素的吸附能力强，在水环境中的主要归宿是沉积物。有研究表明，阿维菌素降解产物 8a-hyhydroxy-avermectin（土壤中的主要降解产物之一）和 hydroxy-avermectin（水中光解产物）对水生生物的毒性很大。

五、阿维菌素的健康危害

阿维菌素正常使用时对于哺乳动物相对安全，但是人体若摄入阿维菌素仍会对多个脏器和系统有严重影响，其中毒的临床表现也较复杂，应引起高度警惕。

在人体中以 GABA 作为传导介质的神经仅存在于中枢神经系统中，外周神经的传导介质为乙酰胆碱。在阿维菌素轻度中毒的情况下，由于存在血脑屏障，阿维菌素进入中枢神经系统的浓度很低，不足以引起 GABA 大量释放，可无明显症状，但在重度中毒的情况下，进入中枢神经系统的阿维菌素浓度超过 GABA 释放阈值时，即可出现显著的临床症状，具体表现为焦虑、烦躁、嗜睡、抑郁、兴奋、惊厥、瞳孔散大、意识障碍，严重者可出现昏迷。对于周围神经系统主要表现为皮肤水肿、共济失调、肌肉震颤、肌肉疼痛、肌力减弱、腱反射减弱乃至消失等。呼吸系统主要表现为呼吸困难和呼吸抑制，严重者存在呼吸衰竭，昏迷患者常存在吸入性肺炎。消化系统主要表现为恶心、呕吐、腹泻、浅表性和糜烂性胃炎、应激性消化道出血等，也有肝功能受损的报道。循环系统主要表现为低血压，以及包括室颤等多种类型的心律失常。

阿维菌素还可引起代谢性酸中毒、电解质紊乱等肾功能损害。此外对眼睛有轻微刺激作用。阿维菌素致人死亡的报道并不多见，其造成死亡的原因是严重的呼吸和循环衰竭，或者合并其他药物中毒。

六、阿维菌素的生产使用情况

1981 年阿维菌素作为兽药投入市场，1985 年阿维菌素作为农药投入工业生产，之后以阿维菌素为原料的新药相继被开发并投入市场。后期经过不断地筛选和优化，阿维菌素的产量比原始产量提高了 5 ~ 6 个数量级。美国默克公司垄断了市场上的阿维菌素，获得了巨大的经济回报，而日本北里研究所获得的红利也非常可观，经济上支持了北里研究所、北里医院和北里大学的发展。

我国的阿维菌素研究始于 1984 年，上海市农药研究所从广东揭阳土壤中分离筛选得到 7051 菌株，后期经鉴定证明该菌株与 S.*avermitilis* MA-4680 相似，分离所得的化合物与阿维菌素的化学结构相同。沈寅初教授主持了对阿维菌素的研究和开发工作，并证实了其在农业和畜牧业上的应用效果，于 1992 年将该技术成果转让给浙江海正企业。从 1993 年开始，北京农业大学李季伦教授一方面通过诱变育种、代谢工程等技术进行菌种选育，提高了阿维菌素的产量；另一方面通过改进后提取技术，使阿维菌素的质量也得到提高。1994 年阿维菌素在国内首次取得登记，结束了美国默克公司垄断的局面。近年来，阿维菌素的生产快速发展，2013 年国内阿维菌素总产量达 3543 吨左右，原药出口 526 吨，出口金额 5416 万美元。截至 2015 年 9 月，中国已经成为阿维菌素的唯一生产国，授权的发明专利达到 168 个，完成了不断创新、后来居上、全部替代进口并世界领先的神话。

第十八章 　 一场任重道远的革命

有机农业（Organic Agriculture）是一场任重道远的革命！它是指在生产中完全或基本不用人工合成的肥料、农药、生长调节剂和畜禽饲料添加剂，而采用有机肥满足作物营养需求的种植业，或采用有机饲料满足畜禽营养需求的养殖业。它是遵循自然规律和生态学原理、协调种植业和养殖业的平衡、采用一系列可持续发展的农业技术以维持持续稳定的农业生产体系的一种农业生产方式。

"有机农业"一词最早出现在出版于 1940 年的诺斯伯纳勋爵（Lord Northbourne）的著作 *Look to the Land* 中。然而事实上，有机农业其实就是"最古老的"农业形式。在第二次世界大战结束之前，农民们还没有从石油中提炼的化学制剂（合成的肥料与杀虫剂），因此那时的他们别无选择。后来人们发现战争期间发明出来的技术对农业生产颇有帮助，如被作为炸药使用的化学药品——硝酸铵摇身一变成为肥料派上了用场，而被用作神经毒气的有机磷化合物后来被用作杀虫剂。近年来，农民们正在转而回归有机农业，但是今天的有机农业采用了注重生态的系统方法，包括长期规划、详细跟踪记录以及对设备和辅助设施的大笔投资。

如今，有机农业生产方式在 100 多个国家得到了推广，其面积和种植者数目逐年增加。全世界进行有机农业管理的土地面积已超过 2200 万公顷。此外，被各种认证机构认证为"野生收获植物"的面积有 1070 万公顷。有机产品市场不但在欧洲和北美（全球最大的有机市场）拓展开来，在其他一些国家包括发展中国家也持续扩大，其中西欧和美国大约 1% 的农民在从事有机农业的生产，有机农场遍布美国各地。

中国的有机农业起步于 20 世纪 90 年代。目前，中国的有机产品以植物类产品为主，动物性产品相对较少，野生采集产

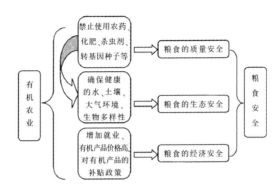

有机农业对粮食安全的保障

品增长较快。植物类产品中，茶叶、豆类和粮食作物的比重很大，有机茶、有机大豆和有机大米等已经成为中国有机产品的主要出口品种。根据国家认证认可监督管理委员会网站（www.cnca.gov.cn）目前提供的信息，截至 2011 年 12 月，全国共有从事有机产品认证的认证机构 23 家、咨询机构 25 家。仅 2016 年全国获得有机产品认证的生产企业就已超过万家，有机产品总产值接近 1 300 亿元（数据来源于 chinadaily.com.cn）。

目前，中国境内的有机食品销售仅占食品销售总额的 0.02%，与发达国家有机食品占国内消费总额的 2% 相比，相差达 100 倍。随着城乡人民收入的增长和生活水平的不断提高，人们更加关注自己的生活质量和身心健康，十分渴望能得到纯天然、无污染的优质食品。因此，中国有机食品有较大的发展空间，在国内市场的发展潜力更大。

有机食品需要符合以下标准：① 原料来自于有机农业生产体系或野生天然产品；② 产品在整个生产加工过程中必须严格遵守有机食品的加工、包装、储藏、运输要求；③ 生产者在有机食品的生产、流通过程中有完善的追踪体系和完整的生产、销售的档案；④ 必须通过独立的有机食品认证

机构的认证。

另外，有机农业的发展也与环境保护密切相关：① 有机农业遵循自然规律，在耕种的过程中充分利用本地资源，保持了生物多样性、人与自然的和谐；② 有机农业禁止使用人工合成的化学农药等，保障了粮食安全，进而也保障了人体健康；③ 有机农业减少了环境污染，保护了土壤、水及其生物的生态安全。

有机农业虽然不允许使用现代常规农业中使用的化学合成农药、肥料、生长调节剂和饲料添加剂、转基因技术等，但绝不是退回到刀耕火种的生产方式。有机农业仅排斥对生态系统和自然环境有不良影响的生产技术和物质，现代农业中的设施栽培，微、滴灌技术，有害生物综合治理技术等仍是有机农业提倡使用的，以达到在保障食品安全和保护环境的同时还能提高产品品质与产量的目的。

 有机食品

　　有机产品的一类。有机产品还包括棉、麻、竹、服装、化妆品、饲料（有机标准包括动物饲料）等"非食品"。目前，我国的有机产品主要包括粮食、蔬菜、水果、奶制品、畜禽产品、水产品及调料等。

 无公害农产品

　　产地环境、生产过程和产品质量符合国家有关标准和规范的要求，经认证合格获得认证证书并允许使用无公害农产品标志的未经加工或者初加工的食用农产品。无公害农产品在生产过程中允许使用农药和化肥，但不能使用国家禁止使用的高毒、高残留农药。

 绿色食品

　　产自优良生态环境、按照绿色食品标准生产、实行全程质量控制并获得绿色食品标志使用权的安全、优质食用农产品及相关产品。绿色食品认证的依据是农业部绿色食品行业标准。绿色食品在生产过程中允许使用农药和化肥，但对用量和残留量的规定通常比无公害标准要严格。

引申：有机农业、生态农业、绿色农业的区别

一、什么是绿色农业

绿色农业，是广义的"大农业"，包括绿色动植物农业、白色农业、蓝色农业、黑色农业、菌类农业、设施农业、园艺农业、观光农业、环保农业、信息农业等，指以生产、加工、销售绿色食品为轴心的农业生产经营方式。绿色食品是指遵循可持续发展的原则，按照特定方式进行生产，经专门机构认定的，允许使用绿色标志的无污染的安全、优质、营养类食品。在具体应用上一般将"三品"，即无公害农产品、绿色食品和有机食品，合称为绿色农业。

绿色农业以"绿色环境""绿色技术""绿色产品"为主体，促使过分依赖化肥、农药的化学农业向主要依靠生物内在机制的生态农业转变。

二、什么是生态农业

生态农业，是按照生态学原理和经济学原理，运用现代科学技术成果和现代管理手段，以及传统农业的有效经验建立起来的能获得较高的经济效益、生态效益和社会效益的现代化农业。生态农业是以生态经济系统原理为指导建立起来的资源、环境、效率、效益兼顾的综合性农业生产体系。它不仅要求限制使用杀虫剂、除草剂和化肥，保护土壤、水源和空气不受化学污染，而且注重农业的生态循环，通过良种培育、农地轮作、合理种植养殖，利用动植物天然的能力和农地的生态循环，预防动植物病疫和农地贫瘠化，实现农业的可持续发展。

生态农业主要是通过提高太阳能的固定率和利用率、生物能的转化率、废弃物的再循环利用率等，促进物质在农业生态系统内部的循环利用和多次重复利用，以尽可能少的投入求得尽可能多的产

出，并获得生产发展、能源再利用、生态环境保护、经济效益等相统一的综合性效果，使农业生产处于良性循环中。

生态农业不同于一般农业，它不仅避免了石油农业的弊端，并且发挥了自身优越性，通过适量施用化肥和低毒高效农药等突破传统农业的局限性，但又保持其精耕细作、施用有机肥、间作套种等优良传统。它既是有机农业与无机农业相结合的综合体，又是一个庞大的综合系统工程和高效、复杂的人工生态系统以及先进的农业生产体系。

生态农业是相对于石油农业提出的概念，是一个原则性的模式而不是严格的标准。而绿色食品所具备的条件是有严格标准的，包括绿色食品的生态环境质量标准、生产操作规程、包装储运标准及绿色食品标准，所以并不是生态农业产出的就是绿色食品。

三、什么是有机农业

有机农业是遵照一定的有机农业生产标准，在生产中不采用基因工程获得的生物及其产物，不使用化学合成的农药、化肥、生长调节剂、饲料添加剂等物质，遵循自然规律和生态学原理，协调种植业和养殖业的平衡，采用一系列可持续发展的农业技术以维持持续稳定的农业生产体系的一种农业生产方式。

有机农业在可能的范围内，尽量依靠轮作、作物秸秆、家畜粪尿、绿肥、外来的有机废弃物、机械中耕、含有无机养分的矿石及生物防治等方法，保持土壤的肥力和易耕性，供给作物养分，防治病虫杂草危害。

在有机农业生产中，禁止使用化学合成的农药、化肥、生长调节剂、饲料添加剂等物质，也禁止采用基因工程获得的生物及其产物以及离子辐射技术，提倡建立包括豆科植物在内的作物轮作体系，利用秸秆还田、种植绿肥和利用动物粪便等措施培肥土壤，保持养分循环；要求选用抗性作物品种，采取物理的和生物的措施防治病、虫、草害，鼓励采用合理的耕作措施，保护生态环境，防止水土流失，保持生产体系及周围环境的生物多样性和基因多样性等。

有机农业在哲学上强调"与自然秩序相和谐""天人合一，物土不二"，强调适应自然而不干预自然；在手段上主要依靠自然的土壤和自然的生物循环；在目标上追求生态的协调性、资源利用的有效性、营养供应的充分性。因此，有机农业是产生于一定社会、历史和文化背景下，吸收了传统农业精华，运用生物学、生态学及农业科学原理和技术发展起来的农业可持续发展类型。有机农业的核心是建立和恢复农业生态系统的生物多样性和良性循环，以促进农业的可持续发展。

四、三者的区别与联系

综上所述，生态农业、绿色农业、有机农业，三者都属于农业范畴，而且都是为人类社会发展提供生活资料的，这是其共同点。但三者又有区别：生态农业是生产过程中既要促进生态保护，又要依赖生态的有效支撑，针对的是农业生产体系；绿色农业强调整个生产过程都是无污染、无公害的过程，针对的是农业生产经营方式；有机农业针对的是农业生产方式。因此，三者可谓"相辅相成，不可分割"。

绿色农业和生态农业等概念的提出，表明人类社会生产从基础上已经进入了一个新的发展阶段，转变经济发展方式，将传统掠夺式开发模式转入绿色生活方式、与大自然协调发展，已经成为并且正在日益深刻地成为当代人类社会生产方式和社会生活方式发生根本性变革的主要特征。

结 语

何去何从

未来新农药的发展之路

从最原始的农药发展至今已经有几千年的历史了，但农药真正引起广泛关注却是近百年的事情。化学农药的出现极大地改变了我们的生活，从开始的奉若瑰宝到后来的担心忧虑，从最初的知之甚少到如今的拨开迷雾，越来越理性的思考促使我们更加审慎地去认识、使用和设计未来的农药，也更加清醒地去面对我们的未来。

衣食住行中，温饱是生存的根本，粮食生产更是重中之重，是我国现代化建设的重要保障。而随着科技的发展，农产品的工业应用也逐渐广泛。保障粮食产量，就是保障现代社会的大后方。农药对于现代社会无疑是非常重要的。而"农药"这个词本身，又含有强烈的危险色彩。医药、兽药、农药，都弥漫着一种衰退和死亡的气息，再加之媒体大肆报道吞服农药自杀等案例，农药的威胁性自始至终存在于整个社会的基本认识之中。

尤其是在20世纪60年代《寂静的春天》问世以来，农药的环境危害、生态危害以及人体健康危害，一直是人们关注的重要方面。人们逐渐认识到高毒高残留的农药一方面可以快速制服害虫杂草、提高农业生产率、提高人群卫生水平，另一方面因其滥用和不当使用，也危及人类长期的生存发展。20世纪90年代中期《我们被偷走的未来》出版，又掀起了另一番环保热潮。人们逐渐认识到，除了那些可以快速致毒的化学品之外，有些化学品的低剂量长期暴露也可能导致更为可怕的健康危害——内分泌干扰效应。而这其中又包含了很多农药。

农药一面是必备的生产资料，一面是危害人类繁衍生息的环境毒物，它的两面性让人们陷入尴尬和矛盾的境地。

本书从农药的定义、农药的威胁、农药的生产情况等多个方面对农药进行了概述，同时根据农药基本的发展脉络，挑选具有代表性的农药品种和历史事件，对农药的整体发展历程作了描述。作为环保工作者，除了农药的基本药效以外，我们更多地着墨于农药的环境影响和健康危害。从书中我们可以看出，即使是低毒低残留的农药品种，在一定情况下也可能具有严重的危害后果，造成生态破坏和毒性效应。这说明人类在打开农药这个"潘多拉魔盒"之后，逐渐地回归理性，然而由于商业利益或是温饱需求，农药的转型之路显得漫长且阻力重重。直到现在，《寂静的春天》中提出的问题我们仍旧没有完全解决，当时提出的高毒品种有一些我们仍在使用。而《我们被偷走的未来》中提到的环境激素，正带来越来越大的威胁。我们与大自然是否一定是以敌对的姿态相处，农药的理念是否需要变化？

一方面，我们欣喜地看到，近年来，有机农业、转基因作物的蓬勃发展，对于农药研发理念不啻为一针强心剂，在利用化学农药与自然对抗的道路上，尝试调节生态、规划发展，可能会让我们的农业发展前景更为光明。

另一方面，我们也应该在回首过往，了解环保运动先行者们的足迹，为了春天能够听到虫鸣鸟叫，我们付出了多少努力，走过了多少弯路。直到目前，农药的问题仍旧没有完全解决，这仍是环保工作者们可以着力的重点领域。

农药何去何从？未来的路在哪里？值得每一个人思考。

参考文献

[1]Betancourt A M, Burgess S C, Carr R L. Effect of developmental exposure to chlorpyrifos on the expression of neurotrophin growth factors and cell-specific markers in neonatal rat brain [J]. Toxicological Sciences, 2006, 92(2):500-506.

[2]Bus J S, Aust S D, Gibson J E. Paraquat toxicity: proposed mechanism of action involving lipid peroxidation [J]. Environmental Health Perspectives, 1976, 16:139-146.

[3]Eisler B R. Atrazine hazards to fish, wildlife and invertebrates: A synoptic review [J]. Center for Integrated Data Analytics Wisconsin Science Center, 1988, 85(25).

[4]Fern á ndez-P é rez M, Villafranca-S á nchez M, Gonz á lez-Pradas E, et al. Controlled release of carbofuran from an alginate-bentonite formulation: water release kinetics and soil mobility [J]. Journal of Agricultural and Food Chemistry, 2000, 48(3):938-943.

[5]Li A A, Lowe K A, Mcintosh L J, et al. Evaluation of epidemiology and animal data for risk assessment: chlorpyrifos developmental neurobehavioral outcomes [J]. Journal of Toxicology & Environmental Health Part B, 2012, 15(2):109-184.

[6]Thiruchelvam M, Brockel B J, Richfield E K, et al. Potentiated and preferential effects of combined paraquat and maneb on nigrostriatal

dopamine systems: Environmental risk factors for Parkinson's disease? [J]. Brain Research, 2000, 873(2):225-234.

[7] Yen J H, Hsiao F L, Wang Y S. Assessment of the insecticide carbofuran's potential to contaminate groundwater through soils in the subtropics [J]. Ecotoxicology & Environmental Safety, 1997, 38(3):260-265.

[8] 安红波, 李占双. 绿色农药的研究现状及进展 [J]. 应用科技, 2003, 30(9):47-50.

[9] 蔡宝立, 黄今勇. 除草剂阿特拉津生物降解研究进展 [J]. 中国生物工程杂志, 1999, 19(3):7-11.

[10] 蔡道基, 朱忠林, 单正军. 建议加强对克百威的环境管理 [J]. 农药科学与管理, 1997(3):30-32.

[11] 蔡道基, 朱忠林. 涕灭威对地下水污染敏感区的预测与区划试点 [J]. 环境工程学报, 1995(1):11-37.

[12] 曹耀艳. 三唑磷合成工艺的改进研究 [D]. 浙江工业大学, 2003.

[13] 曹志平, 乔玉辉. 有机农业 [M]. 北京: 化学工业出版社, 2012.

[14] 陈波宇, 郑斯瑞, 牛希成, 等. 水生生物对三唑磷的物种敏感度分布研究 [J]. 环境科学, 2011, 32(4):1101-1107.

[15] 陈虎保, 朱惠香, 陈国海. 草甘膦的作用机理及部位 [J]. 林业实用技术, 1997(1):23-25.

[16] 陈慧, 石汉文, 田英平. 百草枯中毒致肺损伤的研究进展 [J]. 临床荟萃, 2006, 21(2):146-148.

[17] 陈庆华. 植物源农药的研究与应用 [J]. 世界农业, 2006(10):45-46.

[18] 程暄生, 赵平, 于涌. 天然除虫菊 [J]. 农药, 2005, 44(9):391-394.

[19] 单正军, 朱忠林, 华小梅, 等. 涕灭威等三种农药在土壤中的移动性 [J].

生态与农村环境学报，1994(4):30−33.

[20] 丁丽，叶洪玉.美国农药管理 [C] 全国农药交流会，2004.

[21] 丁丽.德国农药管理 [J].新农药，2005(1):23−25.

[22] 丁丽.日本农药管理 [J].新农药，2005(4):20−21.

[23] 丁智慧，刘吉开，丁靖垲，等.拟除虫菊酯的研究进展 [J].云南化工，
2001, 28(2):22−24.

[24] 丁志平.褐飞虱对吡虫啉的抗性生化机制研究及高效复配剂的筛选 [D].
南京农业大学，2012.

[25] 杜相革，董民.中国有机农业发展现状、优势及对策 [J].农产品质量与
安全，2007(1):4−7.

[26] 范永仙，陈小龙，姜晓平，等.甲胺磷农药的生物降解研究进展 [J].微
生物学杂志，2002, 22(3):45−47.

[27] 冯再平，李建科.甲胺磷毒性及其食品残留分析研究进展 [J].中兽医医
药杂志，2003, 22(5):40−42.

[28] 付广云，韩长秀.有机磷农药及其危害 [J].化学教育，2005, 26(1):9−
10.

[29] 付炎，王于方，李力更，等.天然药物化学史话:阿维菌素和伊维菌素 [J].
中草药，2017, 48(17):3453−3462.

[30] 戈扬，刘永霞，薄存香，等.砜嘧磺隆原药的毒性研究 [J].毒理学杂志，
2011(4):316−317.

[31] 弓爱君，叶常明.除草剂阿特拉津 (Atrazine) 的环境行为综述 [J].环境
工程学报，1997(2):37−47.

[32] 顾宝根，刘亚萍，林艳，等.欧盟农药管理概况 [J].农药科学与管理，
2004, 25(12):27−30.

[33] 关雄，蔡峻．我国苏云金杆菌研究 60 年 [J]．微生物学通报，2014，41(3):459-465.

[34] 郭敏．氟虫腈在环境中的降解特性与降解机制研究 [D]．南京农业大学，2008.

[35] 韩玉倩．农药污染防治措施探讨 [J]．种子科技，2017, 35(9):116.

[36] 何才文，魏启文，王建强，等．美国农药管理及其对我国农药管理的启示 [J]．中国植保导刊，2015, 35(3):86-90.

[37] 何香柏．风险社会背景下环境影响评价制度的反思与变革——以常州外国语学校"毒地"事件为切入点 [J]．法学评论，2017(1):128-137.

[38] 胡文静，屈艾，仇敬运，等．环境物质拟除虫菊酯毒理学研究进展 [J]．环境科学与管理，2007, 32(10):52-54.

[39] 扈洪波，朱蓓蕾，李俊锁．阿维菌素类药物的研究进展 [J]．畜牧兽医学报，2000, 31(6):520-529.

[40] 黄春艳，陈铁保，王宇，等．氯嘧磺隆在土壤中降解动态研究 [J]．植物保护，2001, 27(3):15-17.

[41] 黄雅丽，顾刘金，杨校华，等．啶嘧磺隆的亚慢性毒性研究 [J]．毒理学杂志，2008, 22(2):135-136.

[42] 纪育沣，吴元鎏．新除草剂甲硫嘧磺隆的水解动力学与机理研究 [J]．化学学报，1957(2):69-76.

[43] 江镇海．未来农药品种的发展趋势 [J]．农药市场信息，2010(6):25.

[44] 郎漫，李平，蔡祖聪．百菌清在土壤中的降解及其生态环境效应 [J]．中国农学通报，2012, 28(15):211-215.

[45] 蕾切尔·卡逊．寂静的春天 [M]．北京：北京理工大学出版社，2015.

[46] 李春阳，陈小玉，许东，等．苯磺隆对大鼠生殖细胞毒性试验研究 [J].

河南科技大学学报（医学版），2004, 22(3):161-162.

[47] 李金培, 张玉珍. 植物源农药的利用 [J]. 世界农业, 1998(12):28-30.

[48] 李明. 有机农产品、绿色食品与无公害农产品的区别 [J]. 工业安全与环保, 2009(7):59.

[49] 李铭, 冯伟, 崔玉, 等. 阿维菌素类药物毒理学研究进展 [J]. 安徽农学通报, 2013(20):29-32.

[50] 李清波, 黄国宏, 王颜红, 等. 阿特拉津生态风险及其检测和修复技术研究进展 [J]. 应用生态学报, 2002, 13(5):625-628.

[51] 李瑛, 李学德, 花日茂, 等. 百菌清的生态环境效应及降解转化研究进展 [J]. 安徽农业科学, 2005, 33(4):703-704.

[52] 李榆. 有机磷杀虫剂研究的进展 [J]. 云南化工, 1985(1):31-41.

[53] 梁皇英, 何祖钿. 农药的分类、剂型与使用 [J]. 山西农业科学, 1990(1):33-36.

[54] 林珺, 高云, 慕卫, 等. 新型杀菌剂氟吡菌胺对 9 种环境生物的急性毒性及其在斑马鱼体内的生物富集 [J]. 生态毒理学报, 2016, 11(6):296-305.

[55] 林珺, 王红艳, 王开运, 等. 氟吡菌胺对斑马鱼的毒性效应 [J]. 中国环境科学, 2014, 34(12):3230-3236.

[56] 林珺. 氟吡菌胺的环境安全性及其在黄瓜和土壤中的残留动态研究 [D]. 山东农业大学, 2015.

[57] 刘爱菊, 朱鲁生, 王军, 等. 除草剂阿特拉津的环境毒理研究进展 [J]. 生态环境学报, 2002, 11(4):405-408.

[58] 刘宝峰, 周培, 陆贻通. 克百威及其代谢产物对小鼠 DNA 损伤的研究 [J]. 农业环境科学学报, 2003, 22(5):609-613.

[59] 刘广良，戴树桂. 农药涕灭威在土壤中的不可逆吸附行为 [J]. 环境科学学报，2000, 20(5):597-602.

[60] 刘恒，陈霁巍，胡素萍. 莱茵河水污染事件回顾与启示 [J]. 中国水利，2006(7):55-58.

[61] 刘惠君，郑巍，刘维屏. 新农药吡虫啉及其代谢产物对土壤呼吸的影响 [J]. 环境科学，2001, 22(4):73-76.

[62] 刘雪琴，周鸿燕. 绿色农药研究进展 [J]. 长江大学学报（自科科学版），2013(35):4-7.

[63] 刘衍忠，李兰波，李相鑫，等. 毒死蜱对大鼠生精功能和睾丸组织酶活力的影响 [J]. 环境与健康杂志，2011, 28(4):311-313.

[64] 刘毅，李仁桢. 绿黄隆的毒理学研究 [J]. 农药，1991(6):23-24.

[65] 刘占山，任新国，刘祥英，等. 理性看待化学农药 [J]. 农药研究与应用，2007(2):15-18.

[66] 鲁晶，杨学春. 草甘膦对环境的影响研究进展 [J]. 安徽农学通报，2017, 23(8):71-75.

[67] 马海芹，丁佩. 阿维菌素的研究应用、存在问题及对策 [J]. 农药科学与管理，2009, 30(10):20-23.

[68] 马世铭，J.Sauerborn. 世界有机农业发展的历史回顾与发展动态 [J]. 中国农业科学，2004, 37(10):1510-1516.

[69] 马维亮，马员春. 试论百草枯的除草效果 [J]. 宁夏农林科技，2006(4):16.

[70] 孟丽峰. 吡虫啉对蜜蜂解毒酶和生长发育的影响 [D]. 中国农业科学院，2013.

[71] 彭开富. 农药污染现状与环境保护措施 [J]. 南方农业，2017,

11(23):108.

[72] 秦卫华，单正军，王智，等. 克百威农药对我国湿地鸟类的威胁及其对策 [J]. 生态与农村环境学报，2007, 23(1):85−87.

[73] 邵元元，王志英，邹莉，等. 百菌清对落叶松人工防护林土壤微生物群落的影响 [J]. 生态学报，2011, 31(3):819−829.

[74] 申继忠. 澳大利亚农药管理和农药登记要求 [J]. 山东农药信息，2006(3):32−35.

[75] 沈钦一，刘亚萍，常雪艳，等. 欧盟农药管理制度及其对我国农药管理的启示 [J]. 中国植保导刊，2011, 31(4):30−32.

[76] 盛宇，徐军，刘新刚，等. 氯嘧磺隆对土壤微生物群落结构的影响 [J]. 应用生态学报，2010, 21(11):2992−2996.

[77] 石绪根. 棉蚜对吡虫啉抗性机理的研究 [D]. 山东农业大学，2012.

[78] 史卫国，徐之明，黄清臻，等. 植物源农药的进展 [J]. 农药科学与管理，1997(3):33−35.

[79] 宋化稳. 科学看待农药的毒性 [J]. 农家参谋，2017(1):33.

[80] 宋艳，朱鲁生，王军，等. 涕灭威及其有毒代谢产物对 DNA 潜在损伤研究 [J]. 生态毒理学报，2006, 1(1):40−44.

[81] 苏少泉，滕春红. 草甘膦应用现状与未来发展 [J]. 世界农药，2014, 36(3):8−11.

[82] 汤鸣强. 三唑磷降解菌的分离鉴定及其降解酶特性的研究 [D]. 福建农林大学，2012.

[83] 唐明德，易义珍. 农药百菌清的致突变作用 [J]. 环境与健康杂志，1989(5):37−38.

[84] 唐韵. 宝刀不老的无机农药 [J]. 农药市场信息，2006(19).

[85] 滕春红. 氯嘧磺隆对土壤微生态的影响及其高效降解真菌的研究 [D]. 东北农业大学, 2006.

[86] 天放. 再议"善待农药" [J]. 世界农药, 2016, 38(6):59

[87] 万年升, 顾继东, 段舜山. 阿特拉津生态毒性与生物降解的研究 [J]. 环境科学学报, 2006, 26(4):552−560.

[88] 汪霞, 郜兴利, 何炳楠, 等. 拟除虫菊酯类农药的免疫毒性研究进展 [J]. 农药学学报, 2017, 19(1):1−8.

[89] 王会平, 伍一军. 毒死蜱的神经毒性作用及机制 [J]. 环境与职业医学, 2008, 25(3):314−318.

[90] 王慧芳, 张颖, 孙晓红. 未来农药的发展趋势 [J]. 天津化工, 2005, 19(4):13−16.

[91] 王建英, 赵颖, 孔海燕, 等. 我国农田土壤污染现状及防治对策 [J]. 农家参谋, 2017(19).

[92] 王律先. 我国农药工业概况及发展趋势 [J]. 农药, 1999, 20(10):1−8.

[93] 王少云. 多菌灵、百菌清、毒死蜱在大棚黄瓜和土壤中的残留特征及其对土壤遗传毒性的影响 [D]. 浙江大学, 2015.

[94] 王运浩. 我国农药管理现状及展望 [C]. 中国农药发展年会, 2005.

[95] 魏峰, 董元华. DDT 引发的争论及启示 [J]. 土壤, 2011, 43(5):698−702.

[96] 魏启文, 嵇莉莉, 单炜力. 我国农药登记试验许可制度的演变及发展对策 [J]. 农药科学与管理, 2016, 37(3):1−4.

[97] 吴庆钰. 苄嘧磺隆与镉复合污染对水稻的毒害机理研究 [D]. 中国农业科学院, 2008.

[98] 吴士雄. 百菌清的毒性 [J]. 农药科学与管理, 1986(2).

[99] 吴永宁 . 科学看待食品农药残留（1）——何为食品农药残留 [J]. 中国
社区医师 , 2002(11).

[100] 吴永宁 . 科学看待食品农药残留（2）——客观评价农药残留 [J]. 中
国社区医师 , 2002(12).

[101] 吴永宁 . 科学看待食品农药残留（3）[J]. 家庭中医药 , 2002(7):4.

[102] 西奥·科尔伯恩 , 戴安娜·杜迈洛斯基 , 约翰·彼得森·迈尔斯合 .
我们被偷走的未来 [M]. 长沙： 湖南科学技术出版社 , 2011.

[103] 夏立秋 , 孙运军 . 生物农药的发展与苏云金杆菌杀虫剂研究 [C]// 中
国微生物学会微生物学教学和科研及成果产业化研讨会 . 2003.

[104] 小领 . 滴滴涕（DDT）兴衰史 [J]. 世界发明 , 2002(11):42.

[105] 谢慧 , 朱鲁生 , 王军 , 等 . 涕灭威及其有毒代谢产物对土壤微生物呼
吸作用的影响 [J]. 农业环境科学学报 , 2005, 24(1):191-195.

[106] 谢心宏 . 新型杀虫剂吡虫啉 [J]. 农药 , 1998(6).

[107] 邢剑飞 , 刘艳 , 颜冬 . 昆虫对拟除虫菊酯农药的抗性研究进展 [J]. 环
境科学与技术 , 2010, 33(10):68-74.

[108] 徐广春 , 顾中言 , 杨玉清 , 等 . 氟虫腈的应用和风险研究进展 [J]. 现
代农药 , 2008, 7(2):1-5.

[109] 徐汉虹 , 黄继光 . 鱼藤酮的研究进展 [J]. 西南大学学报 (自然科学版),
2001, 23(2):140-143.

[110] 徐庆贤 , 张无敌 , 尹芳 , 等 . 苏云金杆菌的利用现状、发展及问题探
讨 [J]. 农业与技术 , 2003, 23(5):62-66.

[111] 宣日成 , 王琪全 , 郑巍 , 等 . 吡虫啉在土壤中的吸附及作用机理研究 [J].
环境科学学报 , 2000, 20(2):198-201.

[112] 闫磊 . 黄瓜霜霉病菌对氟吡菌胺的抗性风险研究 [D]. 河北农业大学 , 2013.

[113] 杨永珍，宋俊华，吴厚斌，等. 欧盟农药管理措施对我国的影响及对策 (续)[J]. 农药科学与管理，2004, 25(5):30-32.

[114] 姚斌，徐建民，尚鹤，等. 甲磺隆污染土壤的微生物生态效应 [J]. 农业环境科学学报，2005, 24(3):557-561.

[115] 姚斌，徐建民，张超兰. 甲磺隆对土壤微生物多样性的影响 [J]. 土壤学报，2004, 41(2):320-322.

[116] 叶常明，雷志芳，王杏君，等. 除草剂阿特拉津的多介质环境行为 [J]. 环境科学，2001, 22(2):69-73.

[117] 叶纪明. 高毒农药禁限用及替代工作新进展 [C]. 2004 中国农药发展年会——农药管理与高毒农药替代战略研讨会专题报告集. 2004.

[118] 殷琛. 日本农药安全管理研究 [J]. 农药研究与应用，2011(1):6-8.

[119] 余慧群，廖艳芳，周海，等. 拟除虫菊酯杀虫剂研究进展 [J]. 企业科技与发展，2010(20):46-49.

[120] 张存政，龚勇，张志勇，等. 美国农药管理体系及与我国的比较分析 [J]. 农产品质量与安全，2011(2):56-59.

[121] 张冬，张宇，王萌，等. 草甘膦对植物生理影响的研究进展 [J]. 热带农业科学，2016, 36(9):55-61.

[122] 张芳芳，洪雅青，张幸. 氟虫腈的毒理学研究进展 [J]. 职业与健康，2008, 24(20):2211-2213.

[123] 张洪，何建昇，康乐，等. 氯吡嘧磺隆在水中的残留动态及其在斑马鱼组织中的分布 [J]. 环境化学，2015(9):1774-1776.

[124] 张金凤. 论农药污染与环境保护 [J]. 南方农机，2017, 48(10):167.

[125] 张旺，万军. 国际河流重大突发性水污染事故处理——莱茵河、多瑙河水污染事故处理 [J]. 水利发展研究，2006, 6(3):56-58.

[126] 张夏亭，聂秋林，高欣 . 除虫菊素的杀虫特性与作用机理 [J]. 农药科学与管理，2003, 24(2):22-23.

[127] 张新民，陈永福，刘春成 . 中国有机农业发展现状和前景展望 [J]. 农业展望，2009, 5(4):19-22.

[128] 张阳 . 阿维菌素的细胞毒性及分子机理研究 [D]. 华东理工大学，2017.

[129] 张一宾，徐晓勇，张怿 . 世界农药新进展（四）. [M]. 北京：化学工业出版社，2017.

[130] 张一宾，张怿，伍贤英 . 世界农药新进展（二）. [M]. 北京：化学工业出版社，2010.

[131] 张一宾，张怿，伍贤英 . 世界农药新进展（三）. [M]. 北京：化学工业出版社，2014.

[132] 张一宾，张怿 . 世界农药新进展 . [M]. 北京：化学工业出版社，2007.

[133] 张志恒，袁玉伟，郑蔚然，等 . 三唑磷残留的膳食摄入与风险评估 [J]. 农药学学报，2011, 13(5):485-495.

[134] 张智 . DDT 与穆勒 [J]. 植物保护，2006, 32(4):63.

[135] 赵红 . 绿色农药——波尔多液 [J]. 化学教育，2005, 26(8):13-14.

[136] 赵辉，王宪法 . 正确看待生物农药 [J]. 农村实用工程技术，1995(12):24.

[137] 赵玲，滕应，骆永明 . 中国农田土壤农药污染现状和防控对策 [J]. 土壤，2017, 49(3):417-427.

[138] 赵士光，张巧，陈小玉 . 烟嘧磺隆原药的急性毒性评价 [J]. 郑州大学学报 (医学版)，2008, 43(6):1241-1243.

[139] 郑斐能 . 正确看待化学农药及其毒性问题 [J]. 农药科学与管理，2002,

23(6):15-16.

[140] 郑光，周志俊. 毒死蜱的毒理学研究进展 [J]. 中国公共卫生，2002，18(4):496-498.

[141] 郑京. 绿色农药发展概述 [J]. 安徽化工，2004，30(3):3-4.

[142] 中华人民共和国农业部. 到 2020 年农药使用量零增长行动方案 [J]. 青海农技推广，2015(2):6-8.

[143] 周本新. 农药功过谁人曾与评说 [J]. 农药市场信息，2016(22).

[144] 周普国，刘杰民，黄绍哲，等. 澳大利亚农药管理现状经验与思考 [J]. 农药科学与管理，2014，35(2):6-11.

[145] 周作明. 水体中三唑磷（Triazophos）的光化学降解性能研究 [D]. 湖南农业大学，2002.

[146] 朱春雨，杨峻，张楠. 全球主要国家近年农药使用量变化趋势分析 [J]. 农药科学与管理，2017，38(4):13-19.

[147] 朱天纵. 浅谈农药分类 [J]. 农药科学与管理，1990(1):45-46.

[148] 朱天纵. 中国农药管理与 21 世纪的中国农药 [C]. 中国国际农业科技年会. 1999.

[149] 朱忠林，蔡道基. 涕灭威农药的残留、毒性及其对生态环境的影响 [J]. 生态与农村环境学报，1993(2):50-53.

[150] 朱忠林，单正军. 涕灭威农药污染地下水的影响因子分析 [J]. 生态与农村环境学报，1994(1):25-28.

[151] 庄英男. 除草剂百草枯的毒理安全性研究 [D]. 吉林农业大学，2007.

[152] 邹小明，朱立成，肖春玲，等. 三唑磷的土壤微生物生态效应研究 [J]. 农业环境科学学报，2008，27(1):238-242.